Mayilrangam Gopalan
Srinivasan Vidhyalakshmi
Selvaraj Aarthy Thangam

Kolekcja specjalnych sekstycznych równań diophantynowych

Mayilrangam Gopalan
Srinivasan Vidhyalakshmi
Selvaraj Aarthy Thangam

Kolekcja specjalnych sekstycznych równań diophantynowych

Z rozwiązaniami

Wydawnictwo Bezkresy Wiedzy

Imprint

Cover image: www.ingimage.com

This book is a translation from the original published under ISBN 978-3-639-76075-0.

Publisher:
Wydawnictwo Bezkresy Wiedzy
is a trademark of
Dodo Books Indian Ocean Ltd., member of the OmniScriptum S.R.L Publishing group
str. A.Russo 15, of. 61, Chisinau-2068, Republic of Moldova Europe
Printed at: see last page
ISBN: 978-620-2-44613-6

KONTENCJE

PREFACE

Teoria równania Diophantine jest starożytnym przedmiotem, który zazwyczaj obejmuje rozwiązywanie (system) równania wielomianowego w liczbach całkowitych. Równania Diophantine są nazwane po greckim matematyku Diophantusie z Aleksandrii. W jego "Arithmetica", on badania około 200 równań w dwóch lub więcej zmiennych z zastrzeżeniem, że rozwiązania być racjonalne numery. W 1900 z długą historię matematyków pracujących jako różne równania diophantine, David Hilbert zakwestionował matematyczne społeczności, aby znaleźć algorytm, który określiłby dane równanie Diophantine, czy nie ma rozwiązania w liczbach całkowitych.

Nie ma uniwersalnej metody pozwalającej stwierdzić, czy równanie diophantine ma rozwiązanie, czy też znalezienie wszystkich rozwiązań, jeśli takowe istnieje. Istnieje tylko kilka problemów z diofantyną, dla których znane jest kompletne rozwiązanie. Udowodnienie, że nawet proste, specyficzne równania diophantine nie mają rozwiązania, może wymagać bardzo wyrafinowanych metod i w takich przypadkach powstaje wiele głębokich i pięknych obliczeń matematycznych. Istnieją setki nicrozwiązanych problemów stwarzanych jako równania diophantine do rozwiązania w liczbach całkowitych w teorii liczb. W pewnym sensie zmusza nas to do ataku równań Diophantine w bardziej zastrzeżony sposób, ale również zapewnia, że jest jeszcze praca do wykonania.

Książka ta zawiera rozsądny zbiór specjalnych sekstycznych problemów Diophantine w trzech, czterech, pięciu i sześciu zmiennych. Różne zestawy rozwiązań integer do każdego z sextic diophantine równań rozważanych w tej książce są ilustrowane wraz z kilkoma interesującymi właściwościami wśród rozwiązań. Formalne warunki wstępne dla materiału są minimalne. . Jest nadzieja, że te problemy mogą stworzyć zainteresowanie w sercach naukowców i miłośników matematyki, którzy podejdą do niego z czystej miłości do własnego piękna. Autorzy mają nadzieję, że widząc emocje związane z rozwiązywaniem tych równań diophantine wyższego stopnia, młodzi matematycy i badacze zdają sobie sprawę, że istnieje wiele innych problemów w teorii liczb, które będą wyzwaniem w przyszłości.

Nie ma wątpliwości, że aby mieć głęboką i dogłębną wiedzę na temat przedstawionych tu problemów wyższego stopnia, trzeba zrobić o wiele więcej niż tylko czytać te problemy. Koncentracja jest magicznym kluczem, który otwiera drzwi do realizacji "Aby odnieść sukces, musimy najpierw uwierzyć, że możemy, im więcej możesz marzyć, tym więcej możesz zrobić", jak zauważył Michael Korda. Nic dziwnego, że równania Diophantine są piękne i na tyle trudne, że matematyk jest zajęty przez całe życie.

UWAGI:

- Wieloboczny numer rangi n z wielkością m

$$t_{m,n} = n\left[1 + \frac{(n-1)(m-2)}{2}\right]$$

- Liczba piramidalna rangi n z wielkością m

$$P_n^m = \frac{1}{6}[n(n+1)][(m-2)n + (5-m)]$$

- Numer gwiazdki rangi n

$$S_n = 6n(n-1)+1$$

- Ośmiościenna liczba porządkowa n

$$OH_n = \frac{1}{3}\left(n\left(2n^2+1\right)\right)$$

- Centered Pyramidal number of rank n with size m

$$CP_{m,n} = \frac{m(n-1)n(n+1)+6n}{6}$$

- Jacobsthal numer rangi n

$$J_n = \frac{1}{3}\left(2^n - (-1)^n\right)$$

- Jacobsthal-Lucas numer rangi n

$$j_n = 2^n + (-1)^n$$

- Kynea numer rangi n

$$\mathrm{Ky}_n = (2^n + 1)^2 - 2$$

- Czterowymiarowa figurka liczba rangi n z bokami s

$$F_{m,n,s} = \frac{ns + (m - s)(n + m - 2)!}{m!\,(n-1)!}$$

- Gnomoniczna liczba rangi n

$$Gn_n = 2n - 1$$

- Przewlekła liczba porządkowa rangi n

$$\mathrm{Pr}_n = n(n+1)$$

- Stella Ośmiokątna liczba rangi n

$$SO_n = n(2n^2 - 1)$$

- Liczba pięcioramienna rangi n

$$Pt_n = \frac{1}{24} n(n+1)(n+2)(n+3)$$

ROZDZIAŁ 1

SEKSTYCZNE RÓWNANIA DIOPHANTYNY Z TRZEMA NIEWIADOMYMI:

I.1: W sprawie niejednorodnego równania sekstycznego z trzema niewiadomymi $3(x^2+y^2)-5xy=36z^6$

Niejednorodne równanie sekstyczne, które należy rozwiązać dla jego niezerowej integralności roztworu, to

$$3(x^2+y^2)-5xy=36z^6 \qquad (1.1)$$

Wprowadzenie przekształceń liniowych

$$x=u+v,\ \ y=u-v \qquad (1.2)$$

w (1.1) prowadzi do

$$u^2+11v^2=36z^6 \qquad (1.3)$$

Poniżej zilustrowano różne metody uzyskiwania wzorców rozwiązań integer do (1.1)

Wzór 1

Niech $z=a^2+11b^2$

(1.4)

36 może być napisane jako

$$36=(5+i\sqrt{11})(5-i\sqrt{11})$$

(1.5)

Stosując (1.5) (1.4) w (1.3) i stosując metodę faktoryzacji, określić

$$u + i\sqrt{11}v = (5 + i\sqrt{11})(\alpha + i\sqrt{11}\beta)$$

gdzie
$$\alpha = a^6 - 165a^4b^2 + 1815a^2b^4 - 1331b^6$$

$$\beta = 6a^5b - 220a^3b^3 + 726ab^5$$

Porównując prawdziwe i wyimaginowane części, otrzymujemy

$$\left.\begin{array}{l} u = 5\alpha - 11\beta \\ v = \alpha + 5\beta \end{array}\right\}$$

(1.6)

Używając (1.6) i (1.2) mamy

$$\left.\begin{array}{l} x(a,b) = 6(\alpha - \beta) \\ y(a,b) = 4(\alpha - 4\beta) \end{array}\right\} \quad (1.7)$$

Tak więc (1.4) i (1.7) reprezentują całkowite rozwiązania równania (1.1).

Właściwości

- $240CP_n^6(110 - 3t_{4,n}) + 240(726t_{3,n} - 363t_{4,n})$
  $= 4x(n,1) - 6y(n,1)$
- $z(2^n + 1, 2^n) = Ky_n + 11j_{2n} - 9$
- $8x(1,n) - 3y(1,n) = 36(1 - 165t_{4,n}) + 36t_{4,n}^2(1815 - 1331t_{4,n})$

Wzór: 2

Rozważyć (1.3) jako

$$u^2+11v^2=36z^6*1$$

(1.8)

Napisz 1 jako $\quad 1=\frac{(5+i\sqrt{11})(5-i\sqrt{11})}{36}$

(1.9)

Zastępując (1.4) i (1.9) w (1.8) i stosując metodę faktoryzacji, określić

$$u+i\sqrt{11}v=(\alpha+i\sqrt{11}\beta)\frac{(5+i\sqrt{11})^2}{6}$$

Porównując prawdziwe i wyimaginowane części, otrzymujemy

$$\left.\begin{aligned} u&=\frac{1}{6}[14\alpha-110\beta] \\ v&=\frac{10\alpha+14\beta}{6} \end{aligned}\right\} \quad (1.10)$$

Ponieważ naszym celem jest znalezienie rozwiązań integer, wybieramy i α odpowiednio β dobieramy tak, aby i u były to liczby całkowite. v Używając (1.10) w (1.2) i zastępując je przez a i $6a$ zastępując b $6b$, odpowiednie rozwiązania całkowite do (1.1) są następujące

$$x(a,b)=6^5(24\alpha-96\beta)$$

$$y(a,b)=6^5(4\alpha-124\beta)$$

$$z(a,b)=6^2(a^2+11b^2)$$

Wzór: 3

(1.3) można zapisać jako

$$u^2+11v^2=(6z^3)^2$$

który jest usatysfakcjonowany przez

$$\left.\begin{array}{l} v=72PQ \\ u=36(11P^2-Q^2) \end{array}\right\}$$

(1.11)

$$z^3=66P^2+6Q^2 \qquad (1.12)$$

Aby znaleźć , załóżmy ($1\ z=66a^2+6b^2$ .13)

W (1.12), stosując metodę faktoryzacji i wykonując kilka obliczeń, otrzymujemy

$$\left.\begin{array}{l} P=66a^3-18ab^2 \\ Q=198a^2b-6b^3 \end{array}\right\}$$

(1.14)

Zastępując (1.14) w (1.11) i stosując (1.2), mamy

$$\left.\begin{array}{l} x(a,b)=396P^2-36Q^2+72PQ \\ y(a,b)=396P^2-36Q^2-72PQ \end{array}\right\}$$

(1.15)

Tak więc (1.13) i (1.15) reprezentują niezerowe integralne rozwiązania dla (1.1).

Uwaga: 1

Widać, że oprócz (1.5), 36 może być również napisane na dwa różne sposoby, ponieważ

$$\left.\begin{aligned} 36 &= \frac{(7+i5\sqrt{11})(7-i5\sqrt{11})}{9} \\ 36 &= \frac{(3+i9\sqrt{11})(3-i9\sqrt{11})}{25} \end{aligned}\right\} \qquad (1.16)$$

Zgodnie z procedurą podobną do wzorca: 1 odpowiednie niezerowe rozwiązania całkowite dla powyższych dwóch przypadków są następujące

Rozwiązania dla (i)

$$x(a,b) = 3^5(12\alpha - 48\beta)$$

$$y(a,b) = 3^5(2\alpha - 62\beta)$$

$$z(a,b) = 3^2(a^2 + 11b^2)$$

Właściwości

1. $x(n,1) - 6y(n,1) = 3^5 * 324\begin{pmatrix} -CP_n^6(6t_{4,n} - 220) \\ +1452t_{3,n} - 726t_{4,n} \end{pmatrix}$

2. $z(2^n - 1, 2^n) = 3^2[12j_{2n} - j_{n+1} - 11 + (-1)^{n+1}]$

3. $31x(n,1) - 24y(n,1) = 3^5 * 324\begin{pmatrix} t_{4,n}^2(t_{4,n} - 165) + 1815t_{4,n} \\ -1331 \end{pmatrix}$

Rozwiązania dla (ii)

$$x(a,b)=5^5(12\alpha-96\beta)$$

$$y(a,b)=-5^5(6\alpha+102\beta)$$

$$z(a,b)=5^2(a^2+11b^2)$$

Właściwości

1. $x(n,1)+2y(n,1)=-5^7\begin{Bmatrix}-12CP_n^6(6t_{4,n}-220)\\+8712(2t_{3,n}-t_{4,n})\end{Bmatrix}$

2. $z(2^n-1,2^n)=5^2[12j_{2n}-3J_{n+1}-11-(-1)^{n+1}]$

3. $\begin{matrix}101x(n,1)-5^7 6^2 t_{4,n}(F_{4,n,6}+3CP_n^6-167t_{4,n}+1815)\\-48y(n,1)\equiv 0(\bmod 330)\end{matrix}$

Uwaga: 2

Napisz 1 jako $1=\dfrac{(1+i3\sqrt{11})(1-i3\sqrt{11})}{100}$

(1.17)

Biorąc pod uwagę (1.5), (1.8), (1.17) oraz na podstawie analizy przedstawionej we wzorze: 2, stwierdzono, że rozwiązaniami liczb całkowitych odpowiadającymi (1.1) są

$$x(a,b)=-10^5(12\alpha+204\beta)$$

$$y(a,b)=-10^5(44\alpha+148\beta)$$

$$z(a,b)=10^2(a^2+11b^2)$$

I.2: Integralne rozwiązania równania sekstycznego z trzema niewiadomymi $(4k-1)(x^2+y^2)-(4k-2)xy=4(4k-1)z^6$

Niejednorodne równanie sekstyczne z trzema niewiadomymi, które mają być rozwiązane dla jego odrębnych niezerowych rozwiązań jest

$$(4k-1)(x^2+y^2)-(4k-2)xy=4(4k-1)z^6 \quad (1.18)$$

Wprowadzenie przekształceń liniowych

$$x=u+v,\ \ y=u-v \quad (1.19)$$

w (1,18) prowadzi do

$$ku^2+(3k-1)v^2=(4k-1)z^6 \quad (1.20)$$

Poniżej zilustrowano różne metody uzyskiwania wzorców rozwiązań całkowitych do (1.18)

Wzór: 1

Niech $z=ka^2+(3k-1)b^2$ (1.21)

Napisz (4k - 1) jako

$$(4k-1)=(\sqrt{k}+i\sqrt{3k-1})(\sqrt{k}-i\sqrt{3k-1}) \quad (1.22)$$

Stosując (1.21), (1.22) w (1.20) i stosując metodę faktoryzacji, określić

$$(\sqrt{k}u+iv\sqrt{3k-1})=(\sqrt{k}+i\sqrt{3k-1})(\alpha+i\beta\sqrt{3k-1}\sqrt{k}) \quad (1.23)$$

gdzie $(\alpha + i\beta\sqrt{3k-1}\sqrt{k}) = (\sqrt{k}a + ib\sqrt{3k-1})^6$

z których, mamy

$$\left.\begin{aligned} \alpha &= k^3a^6 - 15k^2(3k-1)a^4b^2 + 15k(3k-1)^2a^2b^4 - (3k-1)^3b^6 \\ \beta &= 6bk^2a^5 - 20k(3k-1)a^3b^3 + 6(3k-1)^2ab^5 \end{aligned}\right\}$$

(1.24)

Porównując rzeczywiste i wyimaginowane części w (1.23), mamy

$$\left.\begin{aligned} u &= \alpha - (3k-1)\beta \\ v &= \alpha + \beta k \end{aligned}\right\}$$

(1.25)

Stosując wartości (1,25) i (1,19), wartości i x y są podane przez

$$\left.\begin{aligned} x(a,b) &= 2\alpha - (2k-1)\beta \\ y(a,b) &= -(4k-1)\beta \end{aligned}\right\}$$

(1.26)

Tak więc (1.21) i (1.26) reprezentują niezerowe rozwiązania całkowite dla (1.18)

Właściwości

1. $$(4k-1)x(1,n) - (2k-1)y(1,n) = 2(4k-1)k^3 - \left\{2(4k-1)(3k-1)t_{4,n}\begin{bmatrix} 15k^2 + 15k(3k-1)t_{4,n} \\ -(3k-1)^2\begin{pmatrix} 6F_{4,n,,7} - 2CP_n^9 \\ -2CP_n^3 - CP_n^6 - 2t_{4,n} \end{pmatrix} \end{bmatrix}\right\}$$

2. $y(1,n) = -(4k-1)\begin{pmatrix} 6k^2(Gn_n + t_{6,n} - 2t_{4,n} + 1) \\ -2(3k-1)CP_n^6\left[3(3k-1)t_{4,n} - 10k\right] \end{pmatrix}$

3. $z(2^n, 2^n) + (4k-1) = (4k-1)\, j_{2n}$

Wzór: 2

Niech $\left.\begin{matrix} u = X + (3k-1)T \\ v = X - kT \end{matrix}\right\}$ (1.27)

Zastępując (1.27) w (1.20), mamy

$$X^2 + k(3k-1)T^2 = z^6$$

(1.28)

(1.28) można zapisać jako

$$(z^3)^2 - X^2 = k(3k-1)T^2 \qquad (1.29)$$

która jest równoważna z systemem równań.

$$\left.\begin{matrix} z^3 + X = (3k-1)T \\ z^3 - X = kT \end{matrix}\right\} \qquad (1.30)$$

Rozwiązywanie problemów (1.30), otrzymujemy

$$z^3 = \frac{(4k-1)T}{2} \text{ and } X = \frac{(2k-1)T}{2}$$

X Aby być liczbami całkowitymi, wybieramy jako T

$$T = 2s^2(4k-1)^2$$

(1.31)

W związku z tym

$$\left.\begin{aligned} z &= s(4k-1) \\ X &= s^3(2k-1)(4k-1)^2 \end{aligned}\right\} \qquad (1.32)$$

Używając (1.31), (1.32) w (1.27) mamy

$$\left.\begin{aligned} u &= s^2(4k-1)^2(8k-3) \\ v &= -s^2(4k-1)^2 \end{aligned}\right\} \qquad (1.33)$$

Wykorzystując (1.19) i (1.33), wartość i x spełnienie (1 y .18) określa się przez

$$x = 4s^3(2k-1)(4k-1)^2$$

$$y = 2s^3(4k-1)^3$$

$$z = s(4k-1)$$

Właściwości

1. $(4k-1)x = 2(2k-1)y$
2. $y = 2z^3$
3. $(4k-1)x = 4(2k-1)z^3$
4. $(4k-1)(2y-x) = 8kz^3$
5. $4(2k-1)z^3 = (4k-1)x$
6. $32(2k-1)^3 yz^6$ to liczba sześcienna.

Wzór: 3

(1.29) można zapisać jako układ równań podwójnych jako

$$\left.\begin{aligned} z^3 + X &= k(3k-1)T \\ z^3 - X &= T \end{aligned}\right\}$$

(1.34)

Rozwiązywanie (1.34), mamy

$$z^3 = \frac{T(3k^2 - k + 1)}{2} \quad \text{i} \quad X = \frac{T(3k^2 - k - 1)}{2}$$

X Aby być liczbami całkowitymi, wybieramy jako T

$$T = 2r^3(3k^2 - k + 1)^2 \qquad (1.35)$$

W związku z tym

$$\left.\begin{aligned} z &= r(3k^2 - k + 1) \\ X &= r^3(3k^2 - k + 1)^2(3k^2 - k - 1) \end{aligned}\right\} \qquad (1.36)$$

Od (1.35), (1.36) i (1.27) mamy

$$\left.\begin{aligned} u &= r^3(3k^2 - k + 1)^2(3k^2 + 5k - 3) \\ v &= r^3(3k^2 - k + 1)^2(3k^2 - 3k - 1) \end{aligned}\right\} \qquad (1.37)$$

Zastępując (1.37) w (1.19) otrzymujemy niezerowe, integralne rozwiązania dla (1.18) to

$$x = 2r^3(3k^2 - k + 1)^2(3k^2 + k - 2)$$

$$y = r^3(3k^2 - k + 1)^2(8k - 2)$$

$$z = r(3k^2 - k + 1)$$

Wzór: 4

Zamiast (1.27), możemy napisać

$$\left.\begin{aligned} u &= x-(3k-1)T \\ v &= X+kT \end{aligned}\right\} \qquad (1.38)$$

Stosując (1.38) w (1.20) i postępując jak we wzorze: 3, odpowiadające im roztwory całkowite do (1.18) są następujące

$$x = r^3 6k(k-1)(3k^2-k+1)^2$$

$$y = -2r^3(3k^2-k+1)^2(4k-1)$$

$$z = r(3k^2-k+1)$$

Właściwości

1. $(3k^2-k+1)x = 6k(k-1)z^3$
2. $(3k^2-k+1)y = -2(4k-1)z^3$
3. $(4k-1)x+3k(k-1)y = 0$

Wzór: 5

(1.28) można zapisać jako

$$(z^3)^2 = X^2 + k(3k-1)T^2$$

(1.39)

gdzie Zakłada się, $k(3k-1)>0, k(3k-1)$ że jest kwadratowa wolna.

Następnie, (1.39) jest spełniony przez

$$\left.\begin{aligned} T &= 2mn \\ X &= k(3k-1)m^2 - n^2 \end{aligned}\right\}$$

(1.40)

$$z^3 = k(3k-1)m^2 + n^2$$

(1.41)

Aby znaleźć z, pozwól $z = k(3k-1)A^2 + B^2$ (1.42)

Zastępując (1,42) w (1,41) i stosując metodę faktoryzacji, określić

$$(\sqrt{k(3k-1)}A + iB)^3 = \left[\sqrt{k(3k-1)}m + in\right]$$

Porównując prawdziwe i wyimaginowane części, mamy

$$\left.\begin{aligned} m &= A^3k(3k-1) - 3AB^2 \\ n &= 3A^2Bk(3k-1) - B^3 \end{aligned}\right\} \quad (1.43)$$

Używając (1.40), (1.41), (1.43) i (1.27) mamy

$$\left.\begin{aligned} u &= k(3k-1)m^2 - n^2 + 2(3k-1)mn \\ v &= k(3k-1)m^2 - n^2 - 2kmn \end{aligned}\right\} \quad (1.44)$$

Zastępując (1.44) w (1.19), wartości x, y podane są przez

$$\left.\begin{aligned} x &= 2k(3k-1)m^2 - 2n^2 + 2(2k-1)mn \\ y &= 2mn(4k-1) \end{aligned}\right\} \quad (1.45)$$

Tak więc (1.42) i (1.45) reprezentują niezerowe integralne rozwiązania dla (1.18).

Wzór: 6

Załóżmy $k(3k-1)$, że jest to idealny kwadrat, powiedzmy (M^2 1 ,46).

Następnie (1.27) staje się,

$$(z^3)^2 = X^2 + (MT)^2$$

który jest usatysfakcjonowany przez

$$MT = a^2 - b^2, \; X = 2ab, \; z^3 = a^2 + b^2 \quad (1.47)$$

gdzie $a > b > 0$

Zastąpienie przez a i MA przez b MB (1.47) mamy

$$\left.\begin{aligned} X &= 2M^2AB \\ T &= M^2(A^2 - B^2) \end{aligned}\right\} \quad (1.48)$$

$$z^3 = M^2(A^2 + B^2) \quad (1.49)$$

Aby znaleźć :

Niech

$$\left.\begin{aligned} A &= M^2 p_1(p_1^2 + q_1^2) \\ B &= M^2 q_1(p_1^2 + q_1^2) \end{aligned}\right\} \quad (1.50)$$

Zastępując (1,50) w (1,49) i stosując metodę faktoryzacji, mamy

$$z = M^2(p_1^2 + q_1^2) \quad (1.51)$$

Wykorzystując (1,50) w (1,48), otrzymujemy

$$\left.\begin{aligned} X &= 2M^6 p_1 q_1 (p_1^2 + q_1^2)^2 \\ T &= M^6 (p_1^2 + q_1^2)^2 (p_1^2 - q_1^2) \end{aligned}\right\} \quad (1.52)$$

Wykorzystując (1.52) w (1.38) i zastępując w (1.19) otrzymujemy niezerowe integralne rozwiązania (1.18), które okazały się być

$$x = M^6(p_1^2 + q_1^2)^2[4p_1q_1 + (p_1^2 - q_1^2)(2K-1)]$$

$$y = M^6(p_1^2 + q_1^2)^2\left[(p_1^2 - q_1^2)(4K-1)\right]$$

$$z = M^2(p_1^2 - q_1^2)$$

I.3: W równaniu sekstycznym z trzema niewiadomymi

$$x^2 + y^2 = (k^2 + s^2)z^6$$

Rozważyć równanie sekstyczne z trzema niewiadomymi podanymi przez

$$x^2 + y^2 = (k^2 + s^2)z^6$$

(1.53)

gdzie k i s gdzie są niezerowe liczby całkowite.

Na początek należy zauważyć, że potrójny (kz^3, sz^3, z) spełnia wymagania (1,53)

Ponadto, zakładając, że

$$z = u^2 + v^2$$

(1.54)

w (1,53) i przy zastosowaniu metody faktoryzacji, odpowiednie wartości x i y spełniające (1,53) dają przez

$$x = k\left(u^6 - 15u^4v^2 + 15u^2v^4 - v^6\right) - s\left(6u^5v - 20u^3v^3 + 6uv^5\right)$$
$$y = k\left(6u^5v - 20u^3v^3 + 6uv^5\right) + s\left(u^6 - 15u^4v^2 + 15u^2v^4 - v^6\right)$$

Mamy jednak inne możliwości wyboru rozwiązań (1,53), które zilustrowano poniżej:

Teraz należy wpisać (1,53) w formie współczynnika jako

$$\frac{x + kz^3}{sz^3 + y} = \frac{sz^3 - y}{x - kz^3} = \frac{\alpha}{\beta}, \beta \neq 0$$

(1.55)

który jest równoważny z następującym układem równań

$$\left.\begin{aligned} \beta x - \alpha y + (k\beta - \alpha s)z^3 = 0 \\ \alpha x + \beta y - (k\alpha + s\beta)z^3 = 0 \end{aligned}\right\}$$

(1.56)

Rozwiązując system (1.56) metodą krzyżowego zwielokrotnienia, mamy

$$\left.\begin{aligned} x &= k\left(\alpha^2 - \beta^2\right) + 2s\alpha\beta \\ y &= s\left(\beta^2 - \alpha^2\right) + 2k\alpha\beta \end{aligned}\right\}$$

(1.57)

$$z^3 = \beta^2 + \alpha^2$$

(1.58)

Ponieważ naszym zainteresowaniem jest znalezienie rozwiązań integer do (1,53), przede wszystkim zauważmy, że (1,58) zadowolone są dwa zestawy wartości α, β i z podane poniżej:

Zestaw 1: $\alpha = m\left(m^2 + n^2\right), \beta = n\left(m^2 + n^2\right), z = m^2 + n^2$

Zestaw 2: $\alpha = m^3 - 3mn^2, \beta = 3m^2 n - n^3, z = m^2 + n^2$

Zastąpienie wartości α, β z zestawu 1 w (1.57),

odpowiednie wartości x, y satysfakcjonujące (1,53) są podane przez

$$\begin{aligned} x &= \left[k\left(m^2 - n^2\right) + 2smn\right]\left(m^2 + n^2\right)^2 \\ y &= \left[2kmn + s\left(n^2 - m^2\right)\right]\left(m^2 + n^2\right)^2 \end{aligned}$$

W podobny sposób, zastępując wartości α, β z zestawu2 w (1.57), odpowiednie wartości x, y satysfakcjonujące (1.53) otrzymuje się jako

$$\begin{aligned} x &= k\left(\left(m^3 - 3mn^2\right)^2 - \left(3m^2 n - n^3\right)^2\right) \\ &\quad + 2smn\left(m^2 - 3n^2\right)\left(3m^2 - n^2\right) \\ y &= 2kmn\left(m^2 - 3n^2\right)\left(3m^2 - n^2\right) \\ &\quad + s\left[\left(3m^2 n - n^3\right)^2 - \left(m^3 - 3mn^2\right)^2\right] \end{aligned}$$

Uwaga:

Załóżmy, że w (1.53), k i s reprezentuje nogi trójkąta pitagorejskiego. Więc, $\left(k^2 + s^2\right)$jest to idealny kwadrat, powiedzmy α^2. Zastąpienie przez x αX, przez , y αY w (1.53), mamy

$$X^2 + Y^2 = Z^6$$

(1.59)

Rozważyć (1,59) jako

$$X^2 + Y^2 = \left(Z^3\right)^2$$

który jest usatysfakcjonowany przez

$$X = 2pq, Y = p^2 - q^2, Z^3 = p^2 + q^2, p > q > 0$$

Zgodnie z przedstawioną powyżej analizą, istnieją dwa zestawy rozwiązań dla (1,53), które są następujące:

Zestaw 3:

$$\begin{aligned}
x &= \alpha 2m\left(m^2+n^2\right)n\left(m^2+n^2\right) = \alpha 2mn\left(m^2+n^2\right)^2 \\
y &= \alpha\left[m^2\left(m^2+n^2\right)^2 - n^2\left(m^2+n^2\right)^2\right] = \alpha\left(m^2-n^2\right)\left(m^2+n^2\right)^2 \\
z &= m^2+n^2
\end{aligned}$$

Zestaw 4:

$$\begin{aligned}
x &= \alpha 2\left(m^3-3mn^2\right)\left(3m^2n-n^3\right) \\
y &= \alpha\left[\left(m^3-3mn^2\right)^2 - \left(3m^2n-n^3\right)^2\right] \\
z &= m^2+n^2
\end{aligned}$$

Ponadto, można również rozważyć (1.59) jako

$$X^2+Y^2=\left(Z^2\right)^3$$

(1.60)

Istnieją dwa zestawy rozwiązań satysfakcjonujących (1,60), a mianowicie,

Zestaw 5:

$$X = m(m^2 + n^2), Y = n(m^2 + n^2), Z^2 = m^2 + n^2 \quad (1.61)$$

Zestaw 6:

$$X = m^3 - 3mn^2, Y = 3m^2n - n^3, Z^2 = m^2 + n^2 \quad (1.62)$$

Należy zauważyć, że trzecie równanie w (1.61) lub (1.62) jest dobrze znanym równaniem pitagorejskim, którego rozwiązania przyjmuje się jako

$$m = 2ab, n = a^2 - b^2, z = a^2 + b^2, a > b > 0$$

Mamy więc dwa zestawy rozwiązań całkowitych do (1,53)

Rozwiązania integer odpowiadające Set5 to rozwiązania całkowite:

$$x = \alpha 2ab(a^2 + b^2)^2, y = \alpha(a^2 - b^2)(a^2 + b^2)^2, z = a^2 + b^2$$

Rozwiązania całkowite odpowiadające zestawowi 6 to:

$$\begin{aligned} x &= \alpha\left[8a^3b^3 - 6ab(a^2 - b^2)^2\right] \\ y &= \alpha\left[12a^2b^2(a^2 - b^2) - (a^2 - b^2)^3\right] \\ z &= a^2 + b^2 \end{aligned}$$

ROZDZIAŁ: II.

SEKSTYCZNE RÓWNANIE DIOPHANTYNY Z CZTEREMA NIEWIADOMYMI:

II. 1: W przypadku niejednorodnego równania sekstycznego

$$x^4 + 2(x^2 + w)x^2y^2 + y^4 = z^4$$

Równanie diophantine reprezentujące równanie sekstyczne z czterema rozważanymi niewiadomymi jest podane przez

$$x^4 + 2(x^2 + w)x^2y^2 + y^4 = z^4 \qquad (2.1)$$

Widać, że, (2.1) jest spełniony przez następujące niezerowe wyraźne czterokrotne liczby całkowite:

$$(x, y, z, w) : (-1, \pm 2, 1, -3), (\pm 2, \mp 2, 4, 3)$$

Oczywiście, istnieje nieskończenie wiele niezerowych liczb całkowitych czterokrotnie spełniających (2 (x, y, z, w) .1) i uzyskuje się je w następujący sposób:

(2.1) jest zapisany jako układ równań podwójnych

$$w^2 = 2y^2 + 1 \qquad (2.2)$$

$$z^2 = wx^2 + y^2 \qquad (2.3)$$

(2.2) jest dobrze znanym równaniem pellianowym, którego ogólny roztwór otrzymuje się przez

$$y_n = \frac{1}{2\sqrt{2}}[(3+2\sqrt{2})^{n+1} - (3-2\sqrt{2})^{n+1}] \quad (2.4)$$

$$w_n = \frac{1}{2}[(3+2\sqrt{2})^{n+1} + (3-2\sqrt{2})^{n+1}] \; n = 0,1,2,3,........, \quad (2 \quad .5)$$

Zastępowanie (2.4) i (2.5) w (2.3) daje

$$z^2 = w_n x^2 + y_n{}^2 \; n = 0,1,2,3,........,$$

(2.6)

Ponieważ nie jest możliwe uzyskanie ogólnego wzoru rozwiązania (2.6), musimy przyjąć określone wartości n dla uzyskania ogólnej formy rozwiązania (2.6) odpowiadającej każdej z wartości n.

Dla przykładu, wybór $n=1$ w (2.4) i (2.5) daje $y_1 = 12, w_1 = 17$ i tym samym (2.6) staje się

$$17x^2 + 12^2 = z^2 \quad (2.7)$$

Ogólny całościowy roztwór (z_n, x_n) (ppkt 2.7) otrzymuje się jako

$$z_n = 6[(33+8\sqrt{17})^{n+1} + (33-8\sqrt{17})^{n+1}]$$

(2.8)

$$x_n = \frac{6}{\sqrt{17}}[(33+8\sqrt{17})^{n+1} - (33-8\sqrt{17})^{n+1}] \; n = 0,1,2,...., \quad (2.9)$$

Tak więc czterokrotność $(x_n, 12, z_n, 17)$ reprezentuje niezerowe odrębne rozwiązania całkowite (2.1). Powtarzające się relacje pomiędzy rozwiązaniami (2.1) podane są przez

$$x_{n+2} - 66x_{n+1} + x_n = 0, x_0 = 96, x_1 = 6336$$

$$z_{n+2} - 66z_{n+1} + z_n = 0, z_0 = 396, z_1 = 26124$$

Właściwości

1. Poniższe wyrażenia to paskudne liczby:
   (a) $z_{2n+1} + 12$
   (b) $6[17(z_n^2 - x_n^2) - 96(z_{2n+1} + 12)]$
2. Poniżej podano liczby całkowite w formie sześciennej:
   (a) $4z_n(17x_n^2 + z_n^2 + 144)$
   (b) $36(z_{3n+2} + 3z_n)$
3. $216(z_{4n+3} + 4z_{2n+1} + 36)$ jest bikwadratową liczbą całkowitą.
4. $36x_{3n+2} = x_n(z_n^2 - 36)$
5. $36x_{4n+3} = x_{2n+1}(z_n^2 - 72)$
6. $6x_{4n+3} - x_n(z_{3n+2}) - z_n x_n = 0$
7. Zdefiniuj: $z_{2n+1} + 12 = Y, Z_n = X$

Należy zauważyć, że para (X,Y) spełnia wymogi paraboli. $X^2 = 6Y$

II. 2. Na niejednorodnych równaniach sekstycznych.

$$x^4 + 2(x^2 - w)x^2y^2 + y^4 = z^4$$

Równanie diophantine reprezentujące równanie sekstyczne z czterema rozważanymi niewiadomymi jest podane przez

$$x^4 + 2(x^2 - w)x^2y^2 + y^4 = z^4 \qquad (2.10)$$

(2.10) jest zapisany jako układ równań podwójnych

$$w^2 = 2y^2 + 1 \qquad (2.11)$$

$$z^2 = wx^2 - y^2 \qquad (2.12)$$

(2.11) jest dobrze znanym równaniem na bazie pellian, którego ogólny roztwór otrzymuje się przez

$$y_n = \frac{1}{2\sqrt{2}}[(3+2\sqrt{2})^{n+1} - (3-2\sqrt{2})^{n+1}] \qquad (2.13)$$

$$w_n = \frac{1}{2}[(3+2\sqrt{2})^{n+1} + (3-2\sqrt{2})^{n+1}]\ n = 0,1,2,.... \qquad (2.14)$$

Zastępowanie (2.13) i (2.14) w (2.12) daje

$$z^2 = w_n x^2 - y_n{}^2\ n = 0,1,2,3,........,$$

(2.15)

Ponieważ nie jest możliwe uzyskanie ogólnego wzoru rozwiązania (2.15), musimy przyjąć określone wartości n dla uzyskania ogólnej formy rozwiązania (2.15) odpowiadającej każdej z wartości n.

Dla przykładu, wybór $n=1$ w (2.13) i (2.14) daje $y_1=12,\ w_1=17$ i tym samym (2.15) staje się

$$17x^2-12^2=z^2 \qquad (2.16)$$

Pierwotne rozwiązanie to $z_0=3, x_0=3$

Rozważmy pellian.

$$z^2=17x^2+1 \qquad (2.17)$$

Pierwotne rozwiązanie to

$$z_0=33,\ x_0=8 \qquad (2.18)$$

Ogólny całościowy roztwór (x_n, z_n)(2.17) otrzymuje się jako

$$z_n=\frac{1}{2}\left[\left(33+8\sqrt{17}\right)^{n+1}+\left(33-8\sqrt{17}\right)^{n+1}\right] \qquad (2.19)$$

$$x_n=\frac{1}{2\sqrt{17}}\left[\left(33+8\sqrt{17}\right)^{n+1}+\left(33-8\sqrt{17}\right)^{n+1}\right]\ n=0,1,2,....,$$

(2.20)

Rozwiązania opisane w pkt 2.16 uzyskuje się w następujący sposób

$$z_{n+1}=z_0z_n+Dx_0x_n=3z_n+51x_n$$

$$x_{n+1}=z_0x_n+x_0z_n=3x_n+3z_n$$

W ten sposób czterokrotnie reprezentowane są niezerowe, odrębne rozwiązania całkowite (2.10). Powtarzające się relacje pomiędzy rozwiązaniami (2.10) podane są przez

$$x_{n+3} - 66x_{n+2} + x_{n+1} = 0, x_0 = 3, x_1 = 123, x_2 = 8115$$

$$z_{n+3} - 66z_{n+2} + z_{n+1} = 0, z_0 = 3, z_1 = 507, z_2 = 33459$$

Właściwości

1. $17x_{2n+2} - z_{2n+2} + 48$ to paskudna liczba.
2. $9[17x_{3n+3} - z_{3n+3} + 3(17x_{n+1} - z_{n+1})]$ jest liczbą całkowitą sześcienną.
3. $54[17x_{4n+4} - z_{4n+4} + 4(17x_{2n+2} - z_{2n+2}) + 144]$ jest bikwadratową liczbą całkowitą.
4. $17(x_{n+1} - z_{n+1})^2 - 24(17x_{2n+2} - z_{2n+2}) + 1152 = 0$
5. $17x_{2n+2} - z_{2n+2} - 17(z_{n+1} - x_{n+1})^2 = 2$ (liczba trójkątna rangi 47)
6. Zdefiniuj: $X = 17x_{2n+2} - z_{2n+2} + 48, Y = 17x_{n+1} - z_{n+1}$

Należy zauważyć, że para (X, Y) spełnia wymogi paraboli $Y^2 = 24X$.

II.3: Obserwacje niejednorodnego równania sekstycznego z czterema niewiadomymi $x^3+y^3=2(k^2+3)z^5w$

Rozważane równanie jest następujące

$$x^3+y^3=2(k^2+3)z^5w \qquad (2.21)$$

gdzie są dane niezerowe liczby całkowite.

Wzór: 1

Wprowadzenie przekształceń

$$x=u+v,\ y=u-v,\ w=2^{2s+2}u \qquad (2.22)$$

w (2,21) prowadzi do

$$u^2+3v^2=(k^2+3)z^5 2^{2s+2} \qquad (2.23)$$

Niech $\qquad z=a^2+3b^2$

(2.24)

Wykorzystując (2.24) w (2.23) i stosując metodę faktoryzacji, określić

$$u+i\sqrt{3}v=(k+i\sqrt{3})(a+i\sqrt{3}b)^5(2^s+i2^s\sqrt{3}) \quad (2.25)$$

Porównując prawdziwe i wyimaginowane części, otrzymujemy

$$\left.\begin{aligned} u &= \left(2^S k - 2^S 3\right)\left(a^5 - 30a^3b^2 + 45ab^4\right) \\ &\quad - 3\left(2^S k + 2^S\right)\left(5a^4b - 30a^2b^3 + 9b^5\right) \\ v &= \left(2^S k + 2^S\right)\left(a^5 - 30a^3b^2 + 45ab^4\right) \\ &\quad + \left(2^S k - 2^S 3\right)\left(5a^4b - 30a^2b^3 + 9b^5\right) \end{aligned}\right\} \qquad (2.26)$$

Wykorzystując (2.26) w (2.22), mamy

$$\begin{aligned} x(a,b) &= 2^{S+1}(k-1)\left(a^5 - 30a^3b^2 + 45ab^4\right) \\ &\quad - 2^{S+1}(k+3)\left(5a^4b - 30a^2b^3 + 9b^5\right) \end{aligned}$$

$$\begin{aligned} y(a,b) &= -2^{S+2}\left(a^5 - 30a^3b^2 + 45ab^4\right) \\ &\quad - k2^{S+2}\left(5a^4b - 30a^2b^3 + 9b^5\right) \end{aligned}$$

$$w(a,b) = 2^{3S+2}\left\{\begin{aligned} &(k-3)\left(a^5 - 30a^3b^2 + 45ab^4\right) \\ &-3(k+1)\left(5a^4b - 30a^2b^3 + 9b^5\right) \end{aligned}\right\}$$

$$z(a,b) = a^2 + 3b^2$$

stanowią nietrywialne integralne rozwiązania (2.21).

Właściwości

1. $$\begin{aligned} &x\left(2^S,1\right) = (k-1)\left[j_{6S+1} - 90J_{4S+1} + 45j_{2S+1} + 76\right] \\ &-(k+3)\left[\begin{aligned} &5\left(j_{5S+1} - (-1)^{5S+1}\right) - 30\left(3J_{3S+1} + (-1)^{3S+1}\right) \\ &+9\left(j_{S+1} - (-1)^{S+1}\right) \end{aligned}\right] \end{aligned}$$

2. $$2^{3S+2}\left\{(k-3)\left[\begin{aligned} &5\begin{pmatrix} 24F_{4,n,7} + 24F_{4,n,6} \\ -6CP_n^{26} - 18\Pr_n + 2t_{4,n} \end{pmatrix} + 1 \\ &-3(k+1)\left[\begin{aligned} &t_{4,n}\left(6CP_n^8 + 3CP_n^{10}\right) \\ &-6CP_n^{27} - 16\Pr_n + 16t_{4,n} \end{aligned}\right] \end{aligned}\right]\right\}$$
$$= w(1,n)$$

3. $-3(k+1)[t_{4,n}(6CP_n^8 + 3CP_n^{10}) - 6CP_n^{27} - 16Pr_n + 16t_{4,n}]\}$

4. $y(2^n,2^n)\equiv 0(\bmod 2)$

Dla ilustracji i jasnego zrozumienia, zastąpienie $s=0$ w powyższym rozwiązaniu odpowiednich, niezerowych, odrębnych, integralnych rozwiązań dla (2.21) jest zapewnione przez

$$x(a,b)=(2k-2)(a^5-30a^3b^2+45ab^4)-(2k+6)(5a^4b-30a^2b^3+9b^5)$$

$$y(a,b)=-4(a^5-30a^3b^2+45ab^4)-4k(5a^4b-30a^2b^3+9b^5)$$

$$z(a,b)=a^2+3b^2$$

$$w(a,b)=4[(k-3)(a^5-30a^3b^2+45ab^4)-(3k+3)(5a^4b-30a^2b^3+9b^5)]$$

Właściwości

1.
$$\begin{aligned}&(2k-6)\left(1-30\left(Ky_{2n}+j_{n+1}-(-1)^{n+1}-1\right)+45\left(3J_{4,n}+1\right)\right)\\&-(6k+6)\left[2^n\left(5-30\left(j_{2n}-(-1)^{2n}\right)+9\left(Ky_{2n}+j_{2n+1}\right)\right)\right]\\&=x\left(1,2^n\right)+y\left(1,2^n\right)\end{aligned}$$

2.
$$\begin{aligned}&4(k-3)\left(\left(-t_{4,n}\right)\left(CP_n^6\right)-6CP_n^{28}-3CP_n^4+48t_{3,n}-24t_{4,n}\right)\\&-4(3k+3)\left[24F_{4,n,7}-6CP_n^{11}-2CP_n^6-8t_{3,n}-33t_{4,n}+9\right]\\&=w(n,1)\end{aligned}$$

3.
$$\begin{aligned}&x(1,n)+y(1,n)+w(1,n)\\&=6\left(\left(k-3\right)\left(5t_{4,n}\left(t_{20,n}\right)+15CP_n^{16}-5t_{14,n}+1\right)\right)\\&-(3k+3)\left[t_{4,n}\left(3CP_n^{16}+2CP_n^9\right)-6CP_n^{24}-26t_{3,n}+13t_{4,n}\right]\end{aligned}$$

Wzór: 2

Rozważyć transformację

$$x=u+v\ y=u-v,,\qquad (2.27)$$

Wykorzystując (2.27) w (2.21), mamy

$$u^2+3v^2=(k^2+3)z^5\qquad (2.28)$$

Stosując metodę faktoryzacji, określić

$$u+i\sqrt{3}v=(k+i\sqrt{3})(a+i\sqrt{3}b)^5\qquad (2.29)$$

Porównując prawdziwe i wyimaginowane partie, mamy

$$u=k(a^5-30a^3b^2+45ab^4)-3(5a^4b-30a^2b^3+9b^5)$$

$$v=(a^5-30a^3b^2+45ab^4)+k(5a^4b-30a^2b^3+9b^5)$$

W związku z tym, niezerowe, integralne rozwiązania dla (2.21) podane są przez

$$x(a,b)=(k+1)(a^5-30a^3b^2+45ab^4)+(k-3)(5a^4b-30a^2b^3+9b^5)$$

$$y(a,b)=(k-1)(a^5-30a^3b^2+45ab^4)-(k+3)(5a^4b-30a^2b^3+9b^5)$$

$$z(a,b)=a^2+3b^2$$

$$w(a,b)=k(a^5-30a^3b^2+45ab^4)-3(5a^4b-30a^2b^3+9b^5)$$

Wzór: 3

Napisz (9) jako $\quad u^2+3v^2=(k^2+3)z^5*1 \qquad (2.30)$

Napisz 1 jako $\quad 1=\frac{(1+i\sqrt{3})(1-i\sqrt{3})}{4} \qquad (2.31)$

Zastępując (2.24) i (2.31) w (2.30) i stosując metodę faktoryzacji, określić

$$u+i\sqrt{3}v=\frac{(1+i\sqrt{3})}{2}(k+i\sqrt{3})(a+i\sqrt{3}b)^5$$

Porównując prawdziwe i wyimaginowane części, otrzymujemy

$$u=\frac{1}{2}[(k-3)(a^5-30a^3b^2+45ab^4)-3(k+1)(5a^4b-30a^2b^3+9b^5)]$$

$$v=\frac{1}{2}[(k+1)(a^5-30a^3b^2+45ab^4)+(k-3)(5a^4b-30a^2b^3+9b^5)]$$

Tak więc, przyjmując $a=2A,b=2B$ niezerowe, odrębne rozwiązania integralne dla (2.21) podane są przez

$$x(A,B)=2^5\begin{Bmatrix}(k-1)\left(A^5-30A^3B^2+45AB^4\right)\\-(k+3)\left(5A^4B-30A^2B^3+9B^5\right)\end{Bmatrix}$$

$$y(A,B)=-2^6\begin{Bmatrix}\left(A^5-30A^3B^2+45AB^4\right)\\+k\left(5A^4B-30A^2B^3+9B^5\right)\end{Bmatrix}$$

$$z(A,B)=2^2(A^2+3B^2)$$

$$w(A,B)=2^4\begin{Bmatrix}(k-3)\left(A^5-30A^3B^2+45AB^4\right)\\-3(k+1)\left(5A^4B-30A^2B^3+9B^5\right)\end{Bmatrix}$$

Wzór: 4

Zamiast (2,31), wpisujemy 1 jako

$$1=\frac{(1+i4\sqrt{3})(1-i4\sqrt{3})}{49}$$

Zgodnie z procedurą przedstawioną we wzorze: 4 odpowiednie, niezerowe, odrębne, całkowite rozwiązania dla (2.21) otrzymuje się jako

$$x(A,B)=7^4\begin{Bmatrix}(5k-11)(A^5-30A^2B^2+45AB^4)\\-(11k+15)(5A^4B-30A^2B^3+9B^5)\end{Bmatrix}$$

$$y(A,B)=-7^4\begin{Bmatrix}(3k+13)(A^5-30A^2B^2+45AB^4)\\+(13k-9)(5A^4B-30A^2B^3+9B^5)\end{Bmatrix}$$

$$z(A,B)=7^2(A^2+3B^2)$$

$$w(A,B)=7^4\begin{Bmatrix}(k-12)(A^5-30A^2B^2+45AB^4)\\-3(4k+1)(5A^4B-30A^2B^3+9B^5)\end{Bmatrix}$$

Wzór: 5

Rozważyć przemiany.

$$x=u+v\ y=u-v,\ , \quad (2.32)$$

Powtarzając proces jak we wzorze: 1, niezerowe roztwory integralne do (2.21) otrzymuje się jako

$$x(a,b)=(k+ks-3s+1)(a^5-30a^3b^2+45ab^4)$$
$$+(k-3s-3-3ks)(5a^4b-30a^2b^3+9b^5)$$

$$y(a,b)=(k-ks-3s-1)(a^5-30a^3b^2+45ab^4)$$
$$-(k-3s+3+3ks)(5a^4b-30a^2b^3+9b^5)$$

$$z(a,b)=a^2+3b^2$$

$$w(a,b)=\left(1+3s^2\right)\begin{Bmatrix}(k-3s)\left(a^5-30a^3b^2+45ab^4\right)\\+3(1+ks)\left(5a^4b-30a^2b^3+9b^5\right)\end{Bmatrix}$$

Właściwości

1. $$\begin{aligned}&(k+ks-3s+1)\left(5\begin{pmatrix}24F_{4,n,8}+24F_{4,n,5}\\-6CP_n^{26}+2t_{17,n}-18t_{3,n}\end{pmatrix}+15t_{4,n}+1\right)\\&+(k-3s-3-3ks)\begin{pmatrix}3\left(t_{4,n}\right)\left(2CP_n^9-18t_{3,n}+9t_{4,n}\right)\\+10t_{3,n}-5t_{4,n}\end{pmatrix}=x(1,n)\end{aligned}$$

2. $$\begin{aligned}&(k-3s-1-ks)\left[15t_{4,n}\left(CP_{6,n}\right)-15\begin{pmatrix}3CP_n^{10}\\+4t_{3,n}-4t_{4,n}\end{pmatrix}+1\right]\\&-(3+3ks+k-3s)\begin{bmatrix}\left(-3CP_n^6\right)\left(t_{8,n}+4t_{3,n}-2t_{4,n}-10\right)\\+10t_{3,n}-5t_{4,n}\end{bmatrix}\\&=y(1,n)\end{aligned}$$

3. $$\begin{aligned}&\left(1+3s^2\right)(k-3s)\begin{bmatrix}t_{4,n}\left(2CP_n^3\right)-6CP_n^{28}-2CP_n^9\\+22t_{3,n}-22t_{4,n}\end{bmatrix}\\&-3(1+ks)\left(1+3s^2\right)\begin{bmatrix}30F_{4,n,6}-10CP_n^9\\-10t_{3,n}-35t_{4,n}+9\end{bmatrix}=w(1,n)\end{aligned}$$

II. 4: Obserwacje niejednorodnego równania sekstycznego z czterema niewiadomymi $x^4 - y^4 = 2^{2k+1} zT^5$

Rozważanym równaniem, które należy rozwiązać, jest

$$x^4 - y^4 = 2^{2k+1} zT^5 \qquad (2.33)$$

Wprowadzenie przekształceń

$$x = u + v, y = u - v, z = 4uv \quad (u \neq v) \qquad (2.34)$$

w (2,33) prowadzi do

$$u^2 + v^2 = 2^{2k} T^5 \qquad (2.35)$$

Weź

$$T = a^2 + b^2 \qquad (2.36)$$

Napisz

$$2 = (1+i)(1-i) \qquad (2.37)$$

Stosując (2.36) i (2.37) w (2.35) oraz stosując metodę faktoryzacji, określić

$$u + iv = (1+i)^{2k} (a + ib)^5$$

$$= \sqrt{2}^{2k} (\cos\frac{k\pi}{2} + i\sin\frac{k\pi}{2})(a+ib)^5$$

Porównując rzeczywiste i wyimaginowane części po obu stronach powyższego równania, otrzymujemy

$$u = 2^{2k} (f(a,b)\cos\frac{k\pi}{2} - g(a,b)\sin\frac{k\pi}{2})$$

$$v = 2^{2k} (f(a,b)\sin\frac{k\pi}{2} - g(a,b)\cos\frac{k\pi}{2})$$

gdzie $f(a,b)=a^5-10a^3b^2+5ab^4$ (2.38)

$g(a,b)=5a^4b-10a^2b^3+b^5$ (2.39)

Zastępując wartości podane w (2.34u, v), niezerowe, integralne rozwiązania dla (2.33) podane są przez

$$x(k,a,b)=2^k((\cos\frac{k\pi}{2}+\sin\frac{k\pi}{2})f(a,b)+(\cos\frac{k\pi}{2}-\sin\frac{k\pi}{2})g(a,b))$$

$$y(k,a,b)=2^k((\cos\frac{k\pi}{2}-\sin\frac{k\pi}{2})f(a,b)-(\cos\frac{k\pi}{2}+\sin\frac{k\pi}{2})g(a,b))$$

$$z(k,a,b)=(-1)^k2^{2k+2}f(a,b)g(a,b)$$

$$T(a,b)=a^2+b^2$$

Wartości i wartości x,y,z satysfakcjonujące (2,33T) są przedstawione w poniższej tabeli.

k	(a,b)	x	y	z	T
0	(2,1)	3	-79	-6232	5
1	(2,1)	-158	-6	24928	5
2	(2,1)	-12	-316	-99712	5
3	(3,1)	2624	2432	970752	10

Właściwości

1. $3(x(1,a,1)-2(120F_{5,a,3}-360F_{4,a,3}+270P_a^5+142t_{3,a}-1))$ to paskudna liczba.

2. $62(60T(a,1)-3(x(1,a,1)+y(1,a,1)-10S_{a^2}))$ jest idealnym kwadratem.

3. $\frac{2}{t_{4,a}}(x(1,a,1)-y(1,a,1)+20CP_a^{12})$ jest liczbą całkowitą sześcienną.

4. $4(40T(a,1)-x(2,a,1)-y(2,a,1)-44)$ jest 5 razy większa niż bikwadratowa liczba całkowita.

5. $4(40SO_a-x(2,a,1)-y(2,a,1))$ jest piątą siłą równej liczby całkowitej.

6. $x(1,2^n,1)+y(1,2^n,1)+24=20(2j_{2n}-j_{4n})$.

7. $z(2,a,a)$ jest piątą potęgą liczby całkowitej.

8. Trójkąt (x,y,z) zaspokaja hiperboliczny paraboloid. $x^2-y^2=z$

Można również szukać innych rozwiązań dla (2,33) w następujący sposób

W (2,37) odpisać 2 jako

$$2=\frac{(7+i)(7-i)}{5^2}$$

(2.40)

Weź

$$T=A^2+B^2$$

(2.41)

Stosując (2.40), (2.41) w (2.35) i stosując metodę faktoryzacji, określić

$$u+iv=\frac{(7+i)^{2k}(A+iB)^{5}}{5^{2k}}$$

Po wykonaniu algebry obliczeń i wykonaniu obliczeń $A=5^{k}a$, $B=5^{k}b$ otrzymujemy

$$u=5^{3k}[p(k,r)f(a,b)-q(k,r)g(a,b)]$$

$$v=5^{3k}[p(k,r)f(a,b)+q(k,r)g(a,b)]$$

gdzie $$p(k,r)=\sum_{r=0}^{[\frac{2k}{2}]}2k_{C_{2r}}(-1)^{r}7^{2k-2r}$$

$$q(k,r)=\sum_{r=1}^{[\frac{2k+1}{2}]}2k_{C_{2r-1}}(-1)^{r-1}7^{2k-2r+1}$$

Tutaj $\left[\frac{2k}{2}\right]$ oznacza integralną część $\frac{2k}{2}$, i $f(a,b)$ są zdefiniowane jak w (2.38) i (2.39).

W związku z tym niezerowe, odrębne, integralne rozwiązania (2.33) podane są przez

$$x(k,a,b)=5^{3k}[p(k,r)(f(a,b)+g(a,b))+q(k,r)(f(a,b)-g(a,b))]$$

$$y(k,a,b)=5^{3k}[p(k,r)(f(a,b)-g(a,b))+q(k,r)(f(a,b)+g(a,b))]$$

$$z(k,a,b)=4*5^{6k}[p(k,r)q(k,r)(f^{2}(a,b)-g^{2}(a,b))+(p^{2}(k,r)$$
$$-q^{2}(k,r)(f(a,b)g(a,b))]$$

$$T=5^{2k}(a^{2}+b^{2})$$

Dla różnych wartości wartości i k,a,b wartości x,y,z satysfakcjonujących (2,33 T) podano w poniższej tabeli.

K	(a,b)	x	y	z	T
1	(1.1)	-53 384×	-53 112×	56 134912×	50
2	(1,1)	-56 16864×	-56 10752×	512 168788992×	1250
1	(2,1)	-53 962×	53 3834×	-56 13774112×	125
2	(1,2)	56 112500×	56 162500×	-512× 1.37510	3125

Dalej w (2.40), można napisać 2 jako

$$2=\frac{(41+i)(41-i)}{29^2}$$

Postępując jak wyżej, niezerowe odrębne rozwiązania integralne do (2.33) są podane przez

$$x(k,a,b)=29^{3k}[p_1(k,r)(f(a,b)+g(a,b))+q_1(k,r)(f(a,b)-g(a,b))]$$

$$y(k,a,b)=29^{3k}[p_1(k,r)(f(a,b)-g(a,b))+q_1(k,r)(f(a,b)+g(a,b))]$$

$$z(k,a,b)=4*29^{6k}[p_1(k,r)q_1(k,r)(f^2(a,b)-g^2(a,b))$$

$$+(p_1^{\,2}(k,r)-q_1^{\,2}(k,r)(f(a,b)g(a,b))]$$

$$T=29^{2k}(a^2+b^2)$$

gdzie $p_1(k,r)=\sum_{r=0}^{[\frac{2k}{2}]} 2k_{C_{2r}}(-1)^r 41^{2k-2r}$

$$q_1(k,r)=\sum_{r=1}^{[\frac{2k+1}{2}]} 2k_{C_{2r-1}}(-1)^{r-1}41^{2k-2r+1}$$

II. 5. Obserwacje dotyczące niejednorodnego równania sekstycznego z czterema niewiadomymi

$$(x-y)(x^2+y^2)=z(x^2-xy+y^2+7w^5)$$

Rozważanym równaniem, które należy rozwiązać, jest

$$(x-y)(x^2+y^2)=z(x^2-xy+y^2+7w^5) \quad (2.43)$$

Wprowadzenie przekształceń liniowych

$$x=u+v, y=u-v, z=v \qquad (2.44)$$

w (2,43) prowadzi do

$$v^2+3u^2=7w^5 \qquad (2.45)$$

Równanie (2,44) rozwiązywane jest różnymi metodami, dzięki czemu uzyskujemy różne wzorce rozwiązań (2,42).

Wzór: 1

Załóżmy, że

$$w = a^2 + 3b^2 \qquad (2.45)$$

$$7 = (2 + i\sqrt{3})(2 - i\sqrt{3}) \qquad (2.46)$$

Wykorzystując (2.45) i (2.46) w (2.44) oraz stosując metodę faktoryzacji, określić

$$v + i\sqrt{3}u = (2 + i\sqrt{3})(a + i\sqrt{3}b)^5$$

Porównując rzeczywiste i wyimaginowane części po obu stronach powyższego równania, otrzymujemy

$$v = 2a^5 - 15a^4b - 60a^3b^2 + 90a^2b^3 + 90ab^4 - 27b^5$$

$$u = a^5 + 10a^4b - 30a^3b^2 - 60a^2b^3 + 45ab^4 + 18b^5$$

Zastępując wartości podane w (2.43 u, v), niezerowe, integralne rozwiązania dla (2.42) podane są przez

$$x(a,b) = 3a^5 - 5a^4b - 90a^3b^2 + 30a^2b^3 + 135ab^4 - 9b^5$$

$$y(a,b) = -a^5 + 25a^4b + 30a^3b^2 - 150a^2b^3 - 45ab^4 + 45b^5$$

$$z(a,b) = 2a^5 - 15a^4b - 60a^3b^2 + 90a^2b^3 + 90ab^4 - 27b^5$$

$$w(a,b) = a^2 + 3b^2$$

Właściwości:

1. $206(x(a,1) + 3y(a,1) + 370w(a,1) - 20t_{9,a^2})$ to paskudna liczba.
2. $6(x(a,b)y(a,b) + z^2(a,b))$ to paskudna liczba.

3. $z(1,b)+9b^3w(1,b)-2160Pt_b+882p_b^5+555Pr_b \equiv 2(\bmod b)$

4. $3(x(a,1)-z(a,1)-a^3w(a,1))-5S_{a^2}+96t_{4,a}+18t_{8,a}+594p_{a-1}^3$

jest idealnym kwadratem.

5. $\frac{5x(a,1)+y(a,1)}{14}+15CP_a^{12}-90t_{4,a}+60t_{5,a}$ jest piątą

potęgą liczby całkowitej.

6. $3OH_a*t_{4,a}-15Pr_{a^2}+61CP_a^6+97(3t_{4,a}-t_{8,a})+t_{212,a}-z(a,1)$

jest liczbą całkowitą sześcienną.

Sprawa i

Równanie (2,46) można zapisać jako

$$7=\frac{(1+i3\sqrt{3})(1-i3\sqrt{3})}{4}$$

Postępując jak w schemacie: 1 i biorąc $a=2A$, $b=2B$ otrzymujemy niezerowe zintegrowane rozwiązania do (2.42) jako

$$x(A,B)=2^4(4A^5-40A^4B-120A^3B^2+240A^2B^3+180AB^4-72B^5)$$

$$y(A,B)=2^4(2A^5+50A^4B-60A^3B^2-300A^2B^3+90AB^4+90B^5)$$

$$z(A,B)=2^4(A^5-45A^4B-30A^3B^2+270A^2B^3+45AB^4-81B^5)$$

$$w(A,B)=2^2(A^2+3B^2)$$

Sprawa ii

W (2,46) odpis 7 jako

$$7=\frac{(5+i\sqrt{3})(5-i\sqrt{3})}{4}$$

Postępując tak jak w przypadku: i niezerową całością roztworów (2.42) podaje się przez

$$x(A,B)=2^4(6A^5+10A^4B-180A^3B^2-60A^2B^3+270AB^4+18B^5)$$

$$y(A,B)=2^4(-4A^5+40A^4B+120A^3B^2-240A^2B^3-180AB^4+72B^5)$$

$$z(A,B)=2^4(A^5+25A^4B-30A^3B^2-150A^2B^3+45AB^4+45B^5)$$

$$w(A,B)=2^2(A^2+3B^2)$$

Wzór: 2

Zastąpić przez u i αw przez v βw (2.44) otrzymujemy

$$\beta^2+3\alpha^2=7w^5 \qquad (2.47)$$

Stosując (2.45) i (2.46) w (2.47) oraz stosując metodę faktoryzacji, określić

$$(\beta+i\sqrt{3}\alpha)=(2+i\sqrt{3})(a+i\sqrt{3}b)^5 \qquad (2.48)$$

Porównując rzeczywiste i wyimaginowane części (2.48) i wykorzystując (6.11), otrzymujemy niezerowe zintegrowane rozwiązania do (2.42) jako

$$x(a,b)=3a^5-3a^4b-18a^3b^2-6a^2b^3-81ab^4+9b^5$$

$$y(a,b)=-a^5+15a^4b+6a^3b^2+30a^2b^3+27ab^4-45b^5$$

$$z(a,b)=2a^5-9a^4b-12a^3b^2-18a^2b^3-54ab^4+27b^5$$

$$w(a,b)=a^2+3b^2$$

Właściwości

1. $x(2^n,1)+3y(2^n,1)=42(Ky_{2n}-2)$

2. $\frac{y(a,1)+y(-a,1)}{30}$ może być zapisana jako różnica dwóch kwadratów

3. $z(a,1)-2a^3w(a,1)+9(12F_{4,a,4}-4CP_a^3-2t_{10,a}+5t_{4,a})$ jest liczbą całkowitą sześcienną.

4. $120F_{5,a,3}-8t_{3,a^2}-82P_a^5+7t_{4,a}-y(a,1)-z(a,1)\equiv 18(\mathrm{mod}\,51)$

Sprawa iii

W (2,46) odpis 7 jako

$$7=\frac{(1+i3\sqrt{3})(1-i3\sqrt{3})}{4}$$

Postępując jak w schemacie: 2 i biorąc $a=2A$, $b=2B$ otrzymujemy niezerowe zintegrowane rozwiązania do (2.42) jako

$$x(A,B)=2^6(A^5-6A^4B-6A^3B^2-12A^2B^3-27AB^4+18B^5)$$

$$y(A,B)=2^5(A^5+15A^4B-6A^3B^2+30A^2B^3-27AB^4-45B^5)$$

$$z(A,B)=2^4(A^5-27A^4B-6A^3B^2-54A^2B^3-27AB^4+81B^5)$$

$$w(A,B)=2^2(A^2+3B^2)$$

Przypadek: iv

W (2,46) odpis 7 jako

$$7=\frac{(5+i\sqrt{3})(5-i\sqrt{3})}{4}$$

Postępując tak jak w przypadku: iii, roztwory niezerowe integralne (2.42) są określone przez

$$x(A,B)=2^4(6A^5+6A^4B-36A^3B^2+12A^2B^3-162AB^4-18B^5)$$

$$y(A,B)=2^4(-4A^5+24A^4B+24A^3B^2+48A^2B^3+108AB^4-72B^5)$$

$$z(A,B)=2^4(5A^5-9A^4B-30A^3B^2-18A^2B^3-135AB^4+27B^5)$$

$$w(A,B)=2^2(A^2+3B^2)$$

Wzór: 3

Zastąpić przez u i αw^2 przez v βw^2 w (2.44), otrzymujemy

$$\beta^2+3\alpha^2=7w \qquad (2.49)$$

Wykorzystując (2.45) i (2.46) w (2.49) i postępując jak w schemacie: 2, otrzymujemy niezerowe zintegrowane rozwiązania (2.42) jako

$$x(a,b)=3a^5-a^4b+18a^3b^2-6a^2b^3+27ab^4-9b^5$$

$$y(a,b)=-a^5+5a^4b-6a^3b^2+30a^2b^3-9ab^4+45b^5$$

$$z(a,b)=2a^5-3a^4b+12a^3b^2-18a^2b^3+18ab^4-27b^5$$

$$w(a,b)=a^2+3b^2$$

Właściwości

1. $x(a,1)+y(a,1)-z(a,1)-63=7(6F_{4,a,6}-6P_a^5+7t_{4,a})$

2. $y(a,1)+a^3w(a,1)-24F_{4,a,7}+6CP_a^{17}-2t_{25,a}\equiv 0(\mathrm{mod}\,3)$

3. $x(a,1)-a^3w(1,a)+6F_{4,a,6}-6CP_a^{20}+4t_{4,a}\equiv -9(\mathrm{mod}\,41)$

4. $30x(2a,a), 6y(a,a), 2z(3a,a)$ i $6w(a,a)$ są to paskudne liczby.

Przypadek: v

W (2,46) odpis 7 jako

$$7=\frac{(1+i3\sqrt{3})(1-i3\sqrt{3})}{4}$$

Postępując jak w schemacie: 2 i biorąc $a=2A$, $b=2B$ otrzymujemy niezerowe zintegrowane rozwiązania do (2.42) jako

$$x(A,B)=2^4(4A^5-8A^4B+24A^3B^2-48A^2B^3+36AB^4-72B^5)$$

$$y(A,B)=2^4(2A^5+10A^4B+12A^3B^2+60A^2B^3+18AB^4+90B^5)$$

$$z(A,B)=2^4(A^5-9A^4B+6A^3B^2-54A^2B^3+9AB^4-81B^5)$$

$$w(A,B)=2^2(A^2+3B^2)$$

Przypadek: vi

W (2,46), odpis 7 jako

$$7=\frac{(5+i\sqrt{3})(5-i\sqrt{3})}{4}$$

Postępując tak jak w przypadku v, niezero-integralne rozwiązania (2.42) podaje się przez

$$x(A,B)=2^4(6A^5+2A^4B+36A^3B^2+12A^2B^3+54AB^4+18B^5)$$

$$y(A,B)=2^4(-4A^5+8A^4B-24A^3B^2+48A^2B^3-36AB^4+72B^5)$$

$$z(A,B)=2^4(5A^5-3A^4B+30A^3B^2-18A^2B^3+45AB^4-27B^5)$$

$$w(A,B)=2^2(A^2+3B^2)$$

ROZDZIAŁ III

SEKSTYCZNE RÓWNANIA DIOPHANTYNY Z PIĘCIOMA NIEWIADOMYMI:

III.1: Integralne rozwiązania równania sekstycznego z pięcioma niewiadomymi $x^3 + y^3 = z^3 + w^3 + 3(x+y)T^5$

Równanie sekstyczne z pięcioma niewiadomymi do rozwiązania to

$$x^3 + y^3 = z^3 + w^3 + 3(x+y)T^5 \quad (3.1)$$

Wprowadzenie transformacji liniowych,

$$x = u+v, y = u-v, z = u+p, w = u-p, u \neq v \neq p \quad (3.2)$$

w (3.1) prowadzi do

$$v^2 - p^2 = T^5 \quad (3.3)$$

Zauważono, że (3.3) ma nieskończenie wiele zintegrowanych rozwiązań. Dla prostoty i jasnego zrozumienia, poniżej przedstawiamy różne możliwości wyboru i v satysfakcji (3. p 3), gdy

(i) T jest nieparzystą liczbą całkowitą.

(ii) T jest równą liczbą całkowitą i....

(iii) T jest idealnym kwadratem.

Znając wartości v, p i zastosowanie (3.2), otrzymujemy nieskończenie wiele niezerowych, integralnych rozwiązań (3.1).

Sprawa (i):

Niech $T = 2k+1$ (3.4)

Stosowanie tożsamości

$$(A+1)^2 - A^2 = 2A+1$$

i wykonując prostą algebrę, wartości i v są podawane przez,

$$v = 16k^5 + 40k^4 + 40k^3 + 20k^2 + 5k + 1$$

$$p = 16k^5 + 40k^4 + 40k^3 + 20k^2 + 5k$$

Zastępując wartości z i v p w (3.2), uzyskuje się integralne rozwiązania z (3.1).

Jednakże po zastosowaniu metody faktoryzacji uzyskuje się jeszcze dwie możliwości v spełnienia (3. p 3) i są one następujące:

Wybór 1:

$$v = 8k^4 + 16k^3 + 12k^2 + 5k + 1$$

$$p = 8k^4 + 16k^3 + 12k^2 + 3k$$

Wybór 2:

$$v = 4k^3 + 8k^2 + 5k + 1$$

$$p = 4k^3 + 4k^2 + k$$

Jak wspomniano powyżej, można uzyskać odpowiednie rozwiązania zintegrowane z (3.1).

Sprawa (ii):

Niech $T = 2k$ (3.5)

Dla prostoty i zwięzłości, poniżej prezentujemy różne wybory dla i v satysfakcjonujące (3. p 3).

a) Przede wszystkim zauważono, że stosowanie tożsamości

$$(A+2^i)^2 - A^2 = 2^{i+1}(A+2^{i-1}), i = 1,2,3,4.$$

daje następujące cztery zestawy wartości dla i v p :

v	p
$8k^5+1$	$8k^5-1$
$4k^5+2$	$4k^5-2$
$2k^5+4$	$2k^5-4$
k^5+8	k^5-8

b) Po drugie, przy zastosowaniu metody faktoryzacji uzyskuje się jeszcze dwa kolejne wybory i v spełniające (3. p 3), które są następujące:

Wybór 1:

$$v = 8k^4 + k$$

$$p = 8k^4 - k$$

Wybór 2:

$$v = 4k^3 + 2k^2$$

$$p = 4k^3 - 2k^2$$

(c) Ponadto, wprowadzenie przekształceń liniowych

$$v = 2k + s, p = 2k - s$$

w (3) i wykonując prostą algebrę, mamy,

$$v = 2k + 4k^4$$

$$p = 2k - 4k^4$$

Zastępując każdą z powyższych wartości i v p w (3.2) otrzymujemy odpowiednie rozwiązania (3.1).

Sprawa (iii):

Weź $T = \alpha^2$ (3.6)

Zastępowanie (3.6) w (3.3) otrzymujemy,

$$v^2 = p^2 + (\alpha^5)^2 \qquad (3.7)$$

a) który ma postać równania pitagorejskiego i jest spełniony przez

$$\alpha^5 = 2rs, p = r^2 - s^2, v = r^2 + s^2, r > s > 0 \qquad (3.8)$$

Wybierz r i s w taki sposób, aby

$$rs = 16\beta^5 \qquad (3.9)$$

i tym samym $\alpha = 2\beta$.

Znając wartości r, s i zastosowanie (3.8) i (3.2), uzyskuje się odpowiednie rozwiązania (3.1). Dla przykładu, proszę wziąć

$$r = 2^3\beta^4, s = 2\beta, r > s > 0$$

Odpowiednich rozwiązań udzielają

$$x = u + 64\beta^8 + 4\beta^2$$
$$y = u - 64\beta^8 - 4\beta^2$$
$$z = u + 64\beta^8 - 4\beta^2$$
$$w = u - 64\beta^8 + 4\beta^2$$
$$T = 4\beta^2$$

Uwaga 1

Przyjmowanie wartości r, s różnych, takich jak

(i) $r = 2^2\beta^2, s = 2^2\beta^3, r > s > 0$ (lub)

(ii) $r = 2^3\beta, s = 2\beta^4, r > s > 0$ (lub)

(iii) $r = 2^4\beta^3, s = \beta^2, r > s > 0$ ...tak, że... $rs = 16\beta^5$

otrzymujemy różne wzory rozwiązań.

b) Należy zauważyć, że rozwiązania z pkt (3.7) mogą być również zapisane jako

$$v = r^2 + s^2, p = 2rs, \alpha^5 = r^2 - s^2, r > s > 0 \qquad (3.10)$$

Wybierz $r = \frac{\alpha^3 + \alpha^2}{2}, s = \frac{\alpha^3 - \alpha^2}{2}$

Zastępując wartości podane r, s w (3.10) i stosując (3.2), uzyskuje się odpowiednie rozwiązania zintegrowane z (3.1).

Uwaga 1

Należy zauważyć, że poza powyższymi wyborami dla i $v\ p$, mamy jeszcze kilka innych wyborów do uzyskania, $v\ p$ które zostały zilustrowane poniżej:

Ilustracja 1

Założenie

$$v = TV, p = TP \qquad (3.11)$$

w (3,3) plonach

$$V^2 - P^2 = T^3$$

Rozwiązania powyższego równania są następujące

$$V = m(m^2 - n^2), \mathrm{P} = n(m^2 - n^2), T = m^2 - n^2 \quad (3.12)$$

$$V = (m^3 + 3mn^2), \mathrm{P} = (3m^2 n + n^3), \mathrm{T} = (m^2 - n^2) \quad (3.13)$$

Z pkt (3.11), (3.12) i (3.2) odpowiadającymi integralnymi rozwiązaniami pkt (3.1) są

$$x = u + m(m^2 - n^2)^2$$
$$y = u - m(m^2 - n^2)^2$$
$$z = u + n(m^2 - n^2)^2$$
$$w = u - n(m^2 - n^2)^2$$
$$T = m^2 - n^2$$

Uwaga 2: Z pkt (3.11), (3.13) i (3.2) można uzyskać odpowiednie roztwory z pkt (3.1).

Ilustracja 2

Założenie

$$v = T^2 V, p = T^2 P \qquad (3.14)$$

w (3,3) plonach

$$V^2 - P^2 = T \qquad (3.15)$$

a) Przyjmując $T = -t^2$ w (3.15), że roztwory do (3.3) można otrzymać jako

$$v = 2mn(m^2 - n^2)^4, p = (m^2 + n^2)(m^2 - n^2)^4, T = -(m^2 - n^2)^2 \qquad (3.16)$$

$$v = 16m^4 n^4 (m^2 - n^2), p = 16m^4 n^4 (m^2 + n^2), T = -4m^2 n^2 \qquad (3.17)$$

Stosując (3.16) i (3.2), odpowiednie rozwiązania zintegrowane do (3.1) są następujące

$$x = u + 2mn(m^2 - n^2)^4$$
$$y = u - 2mn(m^2 - n^2)^4$$
$$z = u + (m^2 + n^2)(m^2 - n^2)^4$$
$$w = u - (m^2 + n^2)(m^2 - n^2)^4$$
$$T = -(m^2 - n^2)^2$$

Uwaga 3:

Podobnie można uzyskać rozwiązania odpowiadające pkt 3.17.

b) Przyjmując $T = t^2$ w (3.15), że roztwory do (3.3) można otrzymać jako

$$v = -16m^4n^4(m^2+n^2), p = 16m^4n^4(m^2-n^2), T = 4m^2n^2$$

Następnie za pomocą (3.2) można uzyskać wymagany roztwór.

Właściwości

Każde z powyższych rozwiązań odpowiada następującym relacjom:

1. $(x-y)^2-(z-w)^2 = 4T^5$
2. $x^2-y^2-(y+w)(x-z) = 2T^5$
3. $24(x+w)(y+z)+6(x-y+w-z)^2$ to paskudna liczba.
4. $16(x^2+y^2-z^2-w^2)$ jest liczbą kwintesencyjną.
5. $x+y+z+w \equiv 0 (\mathrm{mod}\, 4)$
6. R_1: Prostokąt wymiarów x, y z powierzchnią A_1 i obwodem P_1.

   R_2: Prostokąt wymiarów z, w z powierzchnią A_2 i obwodem P_2.

(i) W takim razie $A_1 - A_2$ jest to liczba całkowita.

(ii) $P_1 = P_2$.

7. $xy(x^2 - y^2)$ = 4(powierzchnia trójkąta pitagorejskiego z generatorami u, v).

8. $zw(z^2 - w^2)$ = 4(powierzchnia trójkąta pitagorejskiego z generatorami u, p).

III.2: Integralne rozwiązania równania sekstycznego z pięcioma niewiadomymi $x^6 - 6w^2(xy+z) + y^6 = 2(y^2+w)T^4$

Równanie sekstyczne z pięcioma niewiadomymi do rozwiązania to

$$x^6 - 6w^2(xy+z) + y^6 = 2(y^2+w)T^4$$

(3.18)

Wprowadzenie przemian,

$$x = u+v, y = u-v, w = 2uv, z = 2v^2 \qquad (3.19)$$

w (3,18) prowadzi do

$$u^2 + v^2 = T^2 \qquad (3.20)$$

Powyższe równanie (3.20) rozwiązywane jest za pomocą różnych podejść i dlatego otrzymuje się różne zestawy rozwiązań (3.18).

Wzór 1

Rozwiązaniem równania pitagorejskiego (3.20) jest,

$$u = 2pq,\quad v = p^2 - q^2,\quad T = p^2 + q^2 \qquad (3.21)$$

Z punktu widzenia (3.19) i (3.21), odpowiednie wartości i x, y, z, w T są reprezentowane przez

$$\left.\begin{aligned} x(p,q) &= 2pq + p^2 - q^2 \\ y(p,q) &= 2pq - p^2 + q^2 \\ z(p,q) &= 2(p^2 - q^2)^2 \\ w(p,q) &= 4pq(p^2 - q^2) \\ T(p,q) &= p^2 + q^2 \end{aligned}\right\} \qquad (3.22)$$

Właściwości

1. $x(a(a+1),a) + y(a(a+1),a) = 4\begin{pmatrix} 6p_a^3 - 6t_{3,a} \\ -2SO_a + 4CP_{a,6} \end{pmatrix}$

2. Poniższe wyrażenia to paskudne liczby:

   (a) $30[5S_a + 90(OH_a) - 60CP_{a,6} - x(4a,a) + y(4a,a)]$

   (b) $3[x(a,b) + y(a,b) + 2T(a,b)]$

3. Następujące wyrażenia są liczbami całkowitymi sześciennymi:

   (a) $2T(a,b)[(x(a,b) + y(a,b))^2 + 2z(a,b)]$

   (b) $9[T(2^{2n}, 2^{2n}) - 2KY_{2n} + j_{2n+2}]$

4. $$4\left[\begin{array}{l} w(a,1)+z(a,1)+2T(a,1) \\ -\left(8CP_{a,3}+48F_{4,a,3}-72P_a^3+24t_{3,a}+2t_{12,a}-10t_{4,a}\right) \end{array}\right]$$

jest bikwadratową liczbą całkowitą.

5. $$\begin{array}{l} 1008F_{4,a,3}+252CP_{a,6}-449T_{4,a}-756(OH_a) \\ -[x(2a,a)+y(2a,a)+z(2a,a)+w(2a,a)+T(2a,a)]=0 \end{array}$$

6. $$\begin{array}{l} x(a,a).y(a,a)+z(a,a).w(a,a)+T(a,a) \\ -2CP_{a,6}\left(3t_{4,a}-t_{8,a}\right)-t_{6,a}-2t_{3,a}+t_{4,a}=0 \end{array}$$

7. $$\begin{array}{l} S_a+9t_{4,a}-2t_{10,a}-2t_{4,a}t_{3,a}+t_{4,a} \\ +CP_{a,6}-x(a,1)y(a,1)-T(a,a)=1 \end{array}$$

8. $$\begin{array}{l} 120\left[6F_{4,a,5}-18P_a^3+14t_{3,a}-3(OH_a)+2CP_{a,6}\right] \\ +w(2a,a)T(2a,a)-240P_{a^2}^5=0 \end{array}$$

Uwaga

Równanie (3.21) można również zapisać jako

$$u=p^2-q^2,\quad v=2pq,\quad T=p^2+q^2 \qquad (3.23)$$

i można uzyskać odpowiedni roztwór.

Wzór 2

(3.20) można zapisać jako

$$T^2-v^2=u^2 \qquad (3.24)$$

Pisanie (3.24) jako zestaw równań podwójnych na dwa różne sposoby, jak pokazano poniżej:

Zestaw 1:

$$T+v=u^2,\ T-v=1$$

Zestaw 2:

$$T+v=1,\ T-v=u^2$$

Zestaw rozwiązań1, odpowiednie wartości i u, v wartości T podane są przez

$$v=2k^2+2k, u=2k+1, T=2k^2+2k+1 \qquad (3.25)$$

Z punktu widzenia (3.25) i (3.19), rozwiązania odpowiadające rozwiązaniom (3.18) otrzymanym z zestawu1 są przedstawione jak pokazano poniżej:

$$\left.\begin{aligned} x(k)&=2k^2+4k+1 \\ y(k)&=1-2k^2 \\ z(k)&=8(k^2+1)^2 \\ w(k)&=4(k^2+k)(2k+1) \\ T(k)&=2k^2+2k+1 \end{aligned}\right\} \qquad (3.26)$$

Właściwości

1. $w(k)+z(k)-2x(k)(t(k)-1)=0$
2. $3(x(k)+y(k)+z(k)+T(k)+6SO_k-12CP_{k,6}-3-24t_{4,k})$

   to paskudna liczba.

3. Następujące wyrażenia są liczbami całkowitymi sześciennymi

(a) $2\left(x(k)+y(k)+2T(k)-8t_{3,k}-6t_{4,k}+2t_{8,k}\right)$

(b) $2z(k)w(k)-128\left(6P_k^3+2t_{3,k}-2t_{4,k}+1\right)t_{4,k}^2$

4. $\left(x(k)-y(k)\right)^2-\left(z(k)-48F_{4,k,5}+16P_k^5\right)=0$

5. $8\,[T(2^{2n},2^{2n})-2KY_{2n}+j_{2n+1}]$ jest bikwadratową liczbą całkowitą.

6. $w(k)+y(k)-16P_k^5-7t_{4,k}+t_{8,k}=1$

7. $\begin{array}{l} 12t_{3,k}-12P_k^4+1-y(k)T(k) \\ -4\left(2t_{3,k}t_{4,k}-CP_{k,6}\right)\equiv 0(\mathrm{mod}\,2) \end{array}$

8. $z(k)+T(k)-192F_{4,k,3}+64P_k^5+92t_{3,k}=1$

9. $y^2(k)+z(k)-288F_{4,k,3}+336P_k^5-80t_{3,k}=1$

Podobnie można znaleźć rozwiązania odpowiadające zestawowi 2.

Uwaga:

Równanie (3.20) można również zapisać jako $T^2-u^2=v^2$ i postępując jak we Wzorze 2, można uzyskać dwa różne zestawy rozwiązań (3.18)

Wzór 3

Teraz przepisać (3.20) jako,

$$u^2+v^2=T^2*1 \qquad (3.27)$$

Niech $T = a^2 + b^2$ (3.28)

Również 1 może być napisane jako

$$1 = i^n.(-i)^n \quad (3.29)$$

Zastępując (3.28) i (3.29) w (3.27) i stosując metodę faktoryzacji, określić

$$u + iv = i^n (a + ib)^2 \quad (3.30)$$

Porównując rzeczywiste i wyimaginowane części w (3.30) otrzymujemy

$$\left.\begin{aligned} u &= \cos\frac{n\pi}{2}(a^2 - b^2) - 2ab\sin\frac{n\pi}{2} \\ v &= \sin\frac{n\pi}{2}(a^2 - b^2) + 2ab\cos\frac{n\pi}{2} \end{aligned}\right\} \quad (3.31)$$

Z punktu widzenia (3.19), (3.28) i (3.31), odpowiednie wartości x, y, z, w, p, T są reprezentowane jako

$$\left.\begin{aligned} x &= \cos\frac{n\pi}{2}(a^2 - b^2 + 2ab) + \sin\frac{n\pi}{2}(a^2 - b^2 - 2ab) \\ y &= \cos\frac{n\pi}{2}(a^2 - b^2 - 2ab) - \sin\frac{n\pi}{2}(a^2 - b^2 + 2ab) \\ w &= 2[\cos\frac{n\pi}{2}(a^2 - b^2) - \sin\frac{n\pi}{2}2ab][\sin\frac{n\pi}{2}(a^2 - b^2) + 2ab\cos\frac{n\pi}{2}] \\ z &= 2[\sin\frac{n\pi}{2}(a^2 - b^2) + 2ab\cos\frac{n\pi}{2}]^2 \\ T &= a^2 + b^2 \end{aligned}\right\}$$

(3.32)

Wzór: 4

Napisz 1 jako

$$1=\frac{(2mn+i(m^2-n^2)(2mn-i(m^2-n^2)}{(m^2+n^2)^2}$$

Zgodnie z tą samą procedurą, co powyżej, otrzymujemy integralne rozwiązanie (3.18) jak w przypadku

$$\left.\begin{array}{l} x=(m^2+n^2)[f_1(A,B)+g_1(A,B)] \\ y=(m^2+n^2)[f_1(A,B)-g_1(A,B)] \\ z=2(m^2+n^2)^2 g_1{}^2(A,B) \\ w=2(m^2+n^2)^2 f_1(A,B).g_1(A,B) \\ T=(m^2+n^2)^2(A^2+B^2) \end{array}\right\} \qquad (3.33)$$

Gdzie

$$\left.\begin{array}{l} f_1(A,B)=[2mn(A^2-B^2)-2AB(m^2-n^2)] \\ g_1(A,B)=[(m^2-n^2)(A^2-B^2)+4mnAB] \end{array}\right\} \quad (3.34)$$

Powyższe schematy zaspokajają następujące interesujące relacje

1. $w-z-xy+y^2=0$
2. Jeśli są to generatory trójkąta pitagorejskiego z bokami to $(u^2-v^2,\ 2uv,\ u^2+v^2)$
   (i) $x(u,v).y(u,v).w(u,v)=2(\text{area of the triangle})$
   (ii) $x^2+y^2-z+w=$ the perimeter of the pythagorean triangle
3. Poniższe wyrażenia to paskudne liczby:
   (a) $6(z^2+w^2)$

(b) $3z(T^2+w)$

(c) $6[x^2(1-z)+y^2(1-z)+z^2+w(4+w)+2T^2]$

(d) $\dfrac{6(x+y)(2xy+2T^2+2zw)}{2x+(x-y)(z-1)}$

4. Następujące wyrażenia są liczbami całkowitymi sześciennymi:

(a) $T^2(x^2y^2+w^2)$

(b) $4(x^3+y^3)-6(x+y)z$

(c) $\dfrac{wz}{2(x+y)}$

(d) $x(T^2+w)$

5. Następujące wyrażenia są bikwadratowymi liczbami całkowitymi:

(a) $4(x+y)^2T^2+4(w^2+z^2)$

(b) $16xyT^2+4z^2$

6. $x^2-y^2-2w=0$

7. $z^2-w^2+2xyz=0$

8. $4xyzwT^2=x^2w^3-x^2z^2w+w^3y^2-wz^2y^2$

9. $x+y+z+w+2T^2-(2x-y)x-y^2\equiv 0(\mathrm{mod}\,6)$

10. $2x^2+4yz+2zw-2T^2=2w+(x-y)(x^2-y^2-2z+xz+yz)$

III.3: W PRZYPADKU NIEJEDNORODNEGO RÓWNANIA SEKSTYCZNEGO Z PIĘCIOMA NIEWIADOMYMI $(x+y)(x^3-y^3)=26(z^2-w^2)T^4$

Niejednorodne równanie sekstyczne z pięcioma niewiadomymi do rozwiązania otrzymuje się poprzez

$$(x+y)(x^3-y^3)=26(z^2-w^2)T^4 \quad (3.35)$$

Zastąpienie przekształceń liniowych

$$x=u+v,\ y=u-v,\ z=2u+v,\ w=2u-v,\ u\neq v\neq 0 \quad (3.36)$$

w (3,35) prowadzi do

$$3u^2+v^2=52T^4 \quad (3.37)$$

Załóżmy (3 $, T=T(a,b)=a^2+3b^2;\quad a,b>0$ 38)

(3.37) jest rozwiązywana poprzez różne podejścia i różne wzorce rozwiązań uzyskane w ten sposób dla (3.35) zostały zilustrowane poniżej:

Wzór: 1

Napisz 52 jako

$$52=(7+i\sqrt{3})(7-i\sqrt{3}) \qquad (3.39)$$

Wykorzystując (3,38) i (3,39) w (3,37) oraz stosując metodę faktoryzacji i wyrównywania czynników pozytywnych otrzymujemy

$$(v+i\sqrt{3}u)=(7+i\sqrt{3})(a+i\sqrt{3}b)^4$$

Porównywanie rzeczywistych i wyimaginowanych części,

$$u=u(a,b)=a^4+28a^3b-18a^2b^2-84ab^3+9b^4$$

$$v=v(a,b)=7a^4-12a^3b-126a^2b^2+36ab^3+63b^4$$

Przy zatrudnieniu (3,36), wartości x, y, z, w i T są podane przez

$$x=x(a,b)=u+v=8a^4+16a^3b-144a^2b^2-48ab^3+72b^4$$

$$y=y(a,b)=u-v=-6a^4+40a^3b+108a^2b^2-120ab^3-54b^4$$

$$z=z(a,b)=2u+v=9a^4+44a^3b-162a^2b^2-132ab^3+81b^4$$

$$w=w(a,b)=2u-v=-5a^4+68a^3b+90a^2b^2-204ab^3-45b^4$$

$T = T(a,b) = a^2 + 3b^2$

które reprezentują niezerowe odrębne rozwiązania całkowite (3.35) w dwóch parametrach.

Właściwości:

- $104SO_a - 3x(a,1) - 4y(a,1) \equiv 0(\mathrm{mod}\,5)$
- $T(1,2^n) + 9J_n + 3j_n - 4 = 3Ky_n$
- $72(T_{4,b})^2 - x(1,b) - 48CP_{6,b} - 24S_b \equiv 0(\mathrm{mod}\,2)$
- $w(a,a) - y(a,a) - z(a,a)$ to paskudna liczba.
- $2\{T(1,b) - 1\}$ to paskudna liczba.

Wzór: 2

Można pisać (3,37), ponieważ

$$v^2 + 3u^2 = 52T^4 * 1 \quad (3.40)$$

Ponadto, wpisz 1 jako

$$1 = \frac{(1 + i4\sqrt{3})(1 - i4\sqrt{3})}{49} \quad (3.41)$$

Zastąpienie (3,38), (3,39) i (3,41) w (3,40) oraz zastosowanie metody faktoryzacji i wyrównywania pozytywnych czynników, które otrzymujemy.

$$\left(v+i\sqrt{3}u\right)=\frac{\left(7+i\sqrt{3}\right)\left(1+i4\sqrt{3}\right)}{7}\left(a+i\sqrt{3}b\right)^4$$

Porównując prawdziwe i wyimaginowane części, mamy

$$u=u(a,b)=\frac{1}{7}\left(29a^4-20a^3b-522a^2b^2+60ab^3+261b^4\right) \quad (3.42)$$

$$v=v(a,b)=\frac{1}{7}\left(-5a^4-348a^3b+90a^2b^2+1044ab^3-45b^4\right)$$

(3.43)

Wybory a=7A i b=7B w (3.42), (3.43) prowadzą do

$$u=u(A,B)=9947A^4-6860A^3B-179046A^2B^2 \\ +20580AB^3+89523B^4$$

$$v=v(A,B)=-1715A^4-119364A^3B+30870A^2B^2 \\ +358092AB^3-15435B^4$$

W widoku (3.36), wartości całkowite x, y, z, w i T podane są przez

$$x=8232A^4-12622A^3B-148176A^2B^2+378672AB^3+74088B^4$$

$$y=11662A^4+112504A^3B-209916A^2B^2-337512AB^3+104958B^4$$

$z = 18179A^4 - 133084A^3B - 327222A^2B^2 + 399252AB^3 + 163611B^4$

$w = 21609A^4 + 105644A^3B - 388962A^2B^2 - 316932AB^3 + 194481B^4$

$T = 49A^2 + 147B^2$

które reprezentują niezerowe odrębne rozwiązania całkowite (3.35) w dwóch parametrach.

Właściwości:

- $24F_{4,A,5} + 76829(t_{4,A})^2 - x(A,-A) - 3y(A,-A)$
  $-15(OH_A) - 3t_{8,A} \equiv 0 \pmod 3$

- $218148F_{4,A,4} - z(A,1) - 223979CP_{6,A}$
  $-135044t_{9,A} \equiv 0 \pmod 7$

- $w(1,B) - 194481t_{4,B^2} + 633864P_B^5$
  $+12005S_B \equiv 0 \pmod 2$

- $T(1,2^n) + 147(3J_n + j_n) - 196 = 147Ky_n$

- $2\{T(1,B) - 49\}$ to paskudna liczba.

Uwaga:

Warto zauważyć, że 52 w (3.39) i 1 w (3.41) są również reprezentowane w następujący sposób

$$52=\left(5+i3\sqrt{3}\right)\left(5-i3\sqrt{3}\right)$$
$$=\left(2+i4\sqrt{3}\right)\left(2-i4\sqrt{3}\right)$$

$$1=\frac{\left(1+i\sqrt{3}\right)\left(1-i\sqrt{3}\right)}{4}$$
$$=\frac{\left(1+i15\sqrt{3}\right)\left(1-i15\sqrt{3}\right)}{676}$$

Wprowadzając powyższe reprezentacje w (3.39) i (3.41), można uzyskać różne wzory rozwiązań (3.35).

Wzór: 3

Napisz (3,37) jako

$$3\left(u^2-T^4\right)=49T^4-v^2 \qquad (3.44)$$

Faktoryzacja (3,44) mamy

$$3\left(u+T^2\right)\left(u-T^2\right)=\left(7T^2+v\right)\left(7T^2-v\right) \qquad (3.45)$$

Równanie to zapisane jest w formie stosunku jako

$$\frac{3\left(u-T^2\right)}{7T^2-v}=\frac{\left(7T^2+v\right)}{u+T^2}=\frac{a}{b},\quad b\neq 0 \qquad (3.46)$$

co jest równoważne z układem równań podwójnych

$$3bu+av-\left(3b+7a\right)T^2=0 \qquad (3.47)$$

$$-au+bv+(7b-a)T^2=0 \qquad (3.48)$$

Stosując metodę krzyżowego mnożenia, otrzymujemy

$$u=-a^2+3b^2+14ab \qquad (3.49)$$

$$v=7a^2-21b^2+6ab \qquad (3.50)$$

$$T^2=a^2+3b^2 \qquad (3.51)$$

Oto $T^2(a,b)$ forma ($z^2=Dx^2+y^2$ D>0 i kwadratowa wolna). Następnie rozwiązaniem dla (3.51) jest

$$a=3p^2-q^2, \quad b=2pq, \quad T=3p^2+q^2 \qquad (3.52)$$

Wykorzystując (3,52) w (3,49) i (3,50), otrzymujemy

$$u=u(p,q)=-9p^4+84p^3q+18p^2q^2-28pq^3-q^4$$

$$v=v(p,q)=63p^4+36p^3q-126p^2q^2-12pq^3+7q^4$$

W widoku (3.36), wartości całkowite x, y, z, w, T podane są przez

$$x=x(p,q)=u+v=54p^4+120p^3q-108p^2q^2-40pq^3+6q^4$$

$$y=y(p,q)=u-v=-72p^4+48p^3q+144p^2q^2-16pq^3-8q^4$$

$$z=z(p,q)=2u+v=45p^4+204p^3q-90p^2q^2-68pq^3+5q^4$$

$$w=w(p,q)=2u-v=-81p^4+132p^3q+162p^2q^2-44pq^3-9q^4$$

$T = T(p,q) = 3p^2 + q^2$

które reprezentują niezerowe odrębne rozwiązania całkowite (3.35) w dwóch parametrach.

Właściwości:

- $w(1,q) - y(1,q) + (t_{4,q})^2 + 28(CP_{6,q}) - 3S_q \equiv 0 \pmod 2$
- $T(2^n,1) - 3ky_n + 6j_n = \begin{cases} -2, & \text{if n is odd} \\ 10, & \text{if n is even} \end{cases}$
- $y(p,1) + 72(t_{4,p})^2 - 72CP_{8,p} - 48t_{8,p} \equiv 0 \pmod 2$
- $2\{T(p,1) - 1\}$ to paskudna liczba.

III.4: W niejednorodnym równaniu sekstycznym z pięcioma niewiadomymi $2(x-y)(x^3+y^3) = 28(z^2-w^2)T^4$

Niejednorodne równanie sekstyczne z pięcioma niewiadomymi do rozwiązania otrzymuje się poprzez

$$2(x-y)(x^3+y^3) = 28(z^2-w^2)T^4 \tag{3.53}$$

Zastąpienie przekształceń liniowych

$$x = u+v,\ y = u-v,\ z = 2u+v,\ w = 2u-v,\ u \neq v \neq 0 \tag{3.54}$$

w (3,53) prowadzi do

$$u^2 + 3v^2 = 28T^4 \tag{3.55}$$

Załóżmy, że $T = T(a,b) = a^2 + 3b^2; \quad a,b > 0$

(3.56)

(3.55) jest rozwiązywana za pomocą różnych podejść, a uzyskane w ten sposób różne wzorce rozwiązań (3.53) zostały zilustrowane poniżej:

Wzór: 1

Napisz 28 jako $28 = (5 + i\sqrt{3})(5 - i\sqrt{3})$

(3.57)

Wykorzystując (3,56) i (3,57) w (3,55) oraz stosując metodę faktoryzacji i wyrównywania czynników pozytywnych otrzymujemy

$$(u + i\sqrt{3}v) = (5 + i\sqrt{3})\,(a + i\sqrt{3}b)^4$$

Porównywanie rzeczywistych i wyimaginowanych części,

$$u = u(a,b) = 5a^4 - 12a^3b - 90a^2b^2 + 36ab^3 + 45b^4$$

$$v = v(a,b) = a^4 + 20a^3b - 18a^2b^2 - 60ab^3 + 9b^4$$

Zatrudnienie (3,54), wartości i $x, y, z,$ w T są podawane przez

$$x = x(a,b) = 6a^4 + 8a^3b - 108a^2b^2 - 24ab^3 + 54b^4$$

$$y = y(a,b) = 4a^4 - 32a^3b - 72a^2b^2 + 96ab^3 + 36b^4$$

$$z = z(a,b) = 11a^4 - 4a^3b - 198a^2b^2 + 12ab^3 + 99b^4$$

$$w = w(a,b) = 9a^4 - 44a^3b - 162a^2b^2 + 132ab^3 + 81b^4$$

$$T = T(a,b) = a^2 + 3b^2$$

które reprezentują niezerowe odrębne rozwiązania całkowite (3,53) w dwóch parametrach.

Wzór: 2

Można pisać (3,55), ponieważ

$$u^2 + 3v^2 = 28T^4 * 1 \qquad (3.58)$$

Ponadto, wpisz 1 jako

$$1 = \frac{(1 + i\sqrt{3})(1 - i\sqrt{3})}{4} \qquad (3.59)$$

Zastąpienie (3,56), (3,57) i (3,59) w (3,58) oraz zastosowanie metody faktoryzacji i wyrównywania pozytywnych czynników, które otrzymujemy.

$$(u + i\sqrt{3}v) = \frac{(5 + i\sqrt{3})(1 + i\sqrt{3})}{2}(a + i\sqrt{3}b)^4$$

Porównując prawdziwe i wyimaginowane części, mamy

$$u = u(a,b) = a^4 - 36a^3b - 18a^2b^2 + 108ab^3 + 9b^4$$

$$v = v(a,b) = 3a^4 + 4a^3b - 54a^2b^2 - 12ab^3 + 27b^4$$

W widoku (3.54), wartości całkowite i x, y, z, wsą podawane przez

$$x = x(a,b) = 4a^4 - 32a^3b - 72a^2b^2 + 96ab^3 + 36b^4$$

$$y = y(a,b) = -2a^4 - 40a^3b + 36a^2b^2 + 120ab^3 - 18b^4$$

$$z = z(a,b) = 5a^4 - 68a^3b - 90a^2b^2 + 204ab^3 + 45b^4$$

$$w = w(a,b) = -a^4 - 76a^3b + 18a^2b^2 + 228ab^3 - 9b^4$$

$$T = T(a,b) = a^2 + 3b^2$$

które reprezentują niezerowe odrębne rozwiązania całkowite (3,53) w dwóch parametrach.

Uwaga

Warto zauważyć, że 28 w (3,57) i 1 w (3,59) są również reprezentowane w następujący sposób

$$28 = (4 + i2\sqrt{3})(4 - i2\sqrt{3}) \qquad 1 = \frac{(1 + i4\sqrt{3})(1 - i4\sqrt{3})}{49}$$

$$28 = (1 + i3\sqrt{3})(1 - i3\sqrt{3}) \qquad 1 = \frac{(1 + i15\sqrt{3})(1 - i15\sqrt{3})}{676}$$

Wprowadzając powyższe reprezentacje w (3.57) i (3.59), można uzyskać różne wzory rozwiązań do (3.53), które zostały przedstawione poniżej:

Wzór: 3

$$28 = (4 + i2\sqrt{3})(4 - i2\sqrt{3})$$

Ogólnym rozwiązaniem jest

$$x = x(a,b) = 6a^4 - 8a^3b - 108a^2b^2 + 24ab^3 + 54b^4$$

$$y = y(a,b) = 2a^4 - 40a^3b - 36a^2b^2 + 120ab^3 + 18b^4$$

$$z = z(a,b) = 10a^4 - 32a^3b - 180a^2b^2 + 96ab^3 + 90b^4$$

$$w = w(a,b) = 6a^4 - 64a^3b - 108a^2b^2 + 192ab^3 + 54b^4$$

$$T = T(a,b) = a^2 + 3b^2$$

Wzór: 4

$$28 = (1 + i3\sqrt{3})(1 - i3\sqrt{3})$$

Ogólnym rozwiązaniem jest

$$x = x(a,b) = 4a^4 - 32a^3b - 72a^2b^2 + 96ab^3 + 36b^4$$

$$y = y(a,b) = -2a^4 - 40a^3b + 36a^2b^2 + 120ab^3 - 18b^4$$

$$z = z(a,b) = 5a^4 - 68a^3b - 90a^2b^2 + 204ab^3 + 45b^4$$

$$w = w(a,b) = -a^4 - 76a^3b + 18a^2b^2 + 228ab^3 - 9b^4$$

$$T = T(a,b) = a^2 + 3b^2$$

Wzór: 5

$28 = (4 + i2\sqrt{3})(4 - i2\sqrt{3})$ i $1 = \frac{(1 + i4\sqrt{3})(1 - i4\sqrt{3})}{49}$

Ogólnym rozwiązaniem jest

$$x = x(A,B) = -686A^4 - 101528A^3B + 12348A^2B^2 + 304584AB^3 - 6174B^4$$

$$y = y(A,B) = -13034A^4 - 46648A^3B + 234612A^2B^2 + 139944AB^3 - 117306B^4$$

$$z = z(A,B) = -7546A^4 - 175616A^3B + 135828A^2B^2 + 526848AB^3 - 67914B^4$$

$$w = w(A,B) = -19894A^4 - 120736A^3B + 358092A^2B^2 + 362208AB^3 - 179046B^4$$

$$T = T(A,B) = 49A^2 + 147B^2$$

Wzór: 6

$28 = (4 + i2\sqrt{3})(4 - i2\sqrt{3})$ i $1 = \dfrac{(1 + i15\sqrt{3})(1 - i15\sqrt{3})}{676}$

Ogólnym rozwiązaniem jest

$$x = x(A,B) = -26^3(24\alpha + 272\beta)$$

$$y = y(A,B) = -26^3(148\alpha + 100\beta)$$

$$z = z(A,B) = 26^3(-110\alpha - 458\beta)$$

$$w = w(A,B) = 26^3(-234\alpha - 286\beta)$$

$$T = T(A,B) = 26^2(a^2 + 3b^2)$$

gdzie $\alpha = a^4 - 18a^2b^2 + 9b^4$

$\beta = 4a^3b - 12ab^2$

Wzór 7

$$28=(1+i3\sqrt{3})(1-i3\sqrt{3}) \quad \text{i} \quad 1=\frac{(1+i4\sqrt{3})(1-i4\sqrt{3})}{49}$$

Ogólnym rozwiązaniem jest

$$x=x(a,b)=-4a^4-32a^3b+72a^2b^2+96ab^3-36b^4$$

$$y=y(a,b)=-6a^4+8a^3b+108a^2b^2-24ab^3-54b^4$$

$$z=z(a,b)=-9a^4-44a^3b+162a^2b^2+132ab^3-81b^4$$

$$w=w(a,b)=-11a^4-4a^3b+198a^2b^2+12ab^3-99b^4$$

$$T=T(a,b)=a^2+3b^2$$

Wzór: 8

$$28=(1+i3\sqrt{3})(1-i3\sqrt{3}) \quad \text{i} \quad 1=\frac{(1+i15\sqrt{3})(1-i15\sqrt{3})}{626}$$

Ogólnym rozwiązaniem jest

$$x=x(A,B)=-127426A^4-826072A^3B+2293668A^2B^2 \\ +2478216AB^3-1146834B^4$$

$$y=y(A,B)=-166972A^4+351520A^3B+3005496A^2B^2 \\ -1054560AB^3-1502748B^4$$

$$z=z(A,B)=-274625A^4-1063348A^3B+4943250A^2B^2 \\ +3190044AB^3-2471625B^4$$

$$w=w(A,B)=-314171A^4+114244A^3B+5655078A^2B^2 \\ -342732AB^3-2827539B^4$$

$$T=T(A,B)=169A^2+507B^2$$

Wzór: 9

Napisz (3,55) jako

$$u^2 - 25T^4 = 3T^4 - 3v^2 \qquad (3.60)$$

Faktoryzacja (3.60) i zapisywanie układu równań podwójnych

$$bu - av + (5b - a)T^2 = 0 \qquad (3.61)$$

$$-au - 3bv + (5a + 3b)T^2 = 0 \qquad (3.62)$$

Stosując metodę krzyżowego mnożenia, otrzymujemy

$$u = 5a^2 - 15b^2 + 6ab \qquad (3.63)$$

$$v = -a^2 + 3b^2 + 10ab \qquad (3.64)$$

$$T^2 = a^2 + 3b^2 \qquad (3.65)$$

Oto $T^2(a,b)$ forma ($z^2 = Dx^2 + y^2\ D > 0$ i kwadratowa wolna). Następnie rozwiązaniem dla (3.65) jest

$$a = 3p^2 - q^2, \quad b = 2pq, \quad T = 3p^2 + q^2 \qquad (3.66)$$

Wykorzystując (3,66) w (3,63) i (3,64), otrzymujemy

$$u = u(p,q) = 45p^4 + 36p^3q - 90p^2q^2 - 12pq^3 + 5q^4$$

(3.67)

$$v = v(p,q) = -9p^4 + 60p^3q + 18p^2q^2 - 20pq^3 - q^4 \qquad (3.68)$$

W widoku (3.54), wartości całkowite x, y, z, w, T podane są przez

$$x = x(p,q) = 36p^4 + 96p^3q - 72p^2q^2 - 32pq^3 + 4q^4$$

$$y = y(p,q) = 54p^4 - 24p^3q - 108p^2q^2 + 8pq^3 + 6q^4$$

$$z = z(p,q) = 81p^4 + 132p^3q - 162p^2q^2 - 44pq^3 + 9q^4$$

$$w = w(p,q) = 99p^4 + 12p^3q - 198p^2q^2 - 4pq^3 + 11q^4$$

$$T = T(p,q) = 3p^2 + q^2$$

które reprezentują niezerowe odrębne rozwiązania całkowite (3,53) w dwóch parametrach.

III. 5: W PRZYPADKU NIEJEDNORODNEGO RÓWNANIA SEKSTYCZNEGO Z PIĘCIOMA NIEWIADOMYMI $2(x+y)(x^3-y^3)=39(z^2-w^2)T^4$

Niejednorodne równanie sekstyczne z pięcioma niewiadomymi do rozwiązania otrzymuje się poprzez

$$2(x+y)(x^3-y^3)=39(z^2-w^2)T^4 \qquad (3.69)$$

Zastąpienie przekształceń liniowych

$$x = u+v,\ y = u-v,\ z = 2u+v,\ w = 2u-v,\ u \neq v \neq 0 \quad (3.70)$$

w (3,69) prowadzi do

$$3u^2 + v^2 = 39T^4 \qquad (3.71)$$

(3.71) jest rozwiązywana poprzez różne podejścia i różne wzorce rozwiązań uzyskane w ten sposób dla (3.69) zostały zilustrowane poniżej:

Wzór: 1

Załóżmy (3 $T = T(a,b) = a^2 + 3b^2; \quad a,b > 0$,72)

Napisz 39 jako

$$39 = (6 + i\sqrt{3})(6 - i\sqrt{3}) \qquad (3.73)$$

Wykorzystując (3,72) i (3,73) w (3,71) oraz stosując metodę faktoryzacji i wyrównywania czynników pozytywnych otrzymujemy

$$(v + i\sqrt{3}u) = (6 + i\sqrt{3})(a + i\sqrt{3}b)^4$$

Porównując prawdziwe i wyimaginowane części, mamy

$$u = u(a,b) = a^4 + 24a^3b - 18a^2b^2 - 72ab^3 + 9b^4$$

$$v = v(a,b) = 6a^4 - 12a^3b - 108a^2b^2 + 36ab^3 + 54b^4$$

Przy zatrudnieniu (3,70), wartości x, y, z, w i T podane są przez

$$x = x(a,b) = u + v = 7a^4 + 12a^3b - 126a^2b^2 - 36ab^3 + 63b^4$$

$$y = y(a,b) = u - v = -5a^4 + 36a^3b + 90a^2b^2 - 108ab^3 - 45b^4$$

$$z = z(a,b) = 2u + v = 8a^4 + 36a^3b - 144a^2b^2 - 108ab^3 + 72b^4$$

$$w = w(a,b) = 2u - v = -4a^4 + 60a^3b + 72a^2b^2 - 180ab^3 - 36b^4$$

$$T = T(a,b) = a^2 + 3b^2$$

które reprezentują niezerowe odrębne rozwiązania całkowite (3.69) w dwóch parametrach.

Właściwości:

- $234(OH_a) - z(a,1) - 2w(a,1) \equiv 0(\bmod 2)$
- $504F_{4,b,5} - x(1,b) - 246CP_{6,b} - 105t_{8,b} \equiv -1(\bmod 2)$
- $2\{T(1,b) - 1\}$ to paskudna liczba.

Wzór: 2

Można pisać (3,71), ponieważ

$$v^2 + 3u^2 = 39T^4 * 1 \qquad (3.74)$$

Ponadto, wpisz 1 jako

$$1=\frac{\left(1+i\sqrt{3}\right)\left(1-i\sqrt{3}\right)}{4} \quad (3.75)$$

Zastąpienie (3,72), (3,73) i (3,75) w (3,74) oraz zastosowanie metody faktoryzacji i wyrównywania pozytywnych czynników, które otrzymujemy.

$$\left(v+i\sqrt{3}u\right)=\frac{\left(6+i\sqrt{3}\right)\left(1+i\sqrt{3}\right)}{2}\left(a+i\sqrt{3}b\right)^4$$

Porównując prawdziwe i wyimaginowane części, mamy

$$u=u(a,b)=\frac{1}{2}\left(7a^4+12a^3b-126a^2b^2-36ab^3+63b^4\right) \quad (3.76)$$

$$v=v(a,b)=\frac{1}{2}\left(3a^4-84a^3b-54a^2b^2+252ab^3+27b^4\right) \quad (3.77)$$

Wybory a=2A i b=2B w (3,76), (3,77) prowadzą do

$$u=u(A,B)=56A^4+96A^3B-1008A^2B^2-288AB^3+504B^4$$

$$v=v(A,B)=24A^4-672A^3B-432A^2B^2+2016AB^3+216B^4$$

W widoku (3.70), wartości całkowite x, y, z, w i T podane są przez

$$x=x(A,B)=80A^4-576A^3B-1440A^2B^2+1728AB^3+720B^4$$

$$y = y(A,B) = 32A^4 + 768A^3B - 576A^2B^2 - 2304AB^3 + 288B^4$$

$$z = z(A,B) = 136A^4 - 480A^3B - 2448A^2B^2 + 1440AB^3 + 1224B^4$$

$$w = w(A,B) = 88A^4 + 864A^3B - 1584A^2B^2 - 2592AB^3 + 792B^4$$

$$T = T(A,B) = 4A^2 + 12B^2$$

które reprezentują niezerowe odrębne rozwiązania całkowite (3.69) w dwóch parametrach.

Właściwości:

- $w(1,B) - x(1,B) - 72(t_{4,B})^2 + 4320CP_{6,B} + 24S_B \equiv 0 \pmod 2$
- $T(2^n,1) + 12J_n + 4j_n - 16 = 4Ky_n$
- $3\{x(A,A) - y(A,A) - 2z(A,A)\}$ to paskudna liczba.

Uwaga:

Warto zauważyć, że 39 w (3,73) i 1 w (3,75) są również reprezentowane w następujący sposób

$$39 = \frac{(3 + i7\sqrt{3})(3 - i7\sqrt{3})}{4} = \frac{(9 + i5\sqrt{3})(9 - i5\sqrt{3})}{4}$$

$$1 = \frac{(1 + i4\sqrt{3})(1 - i4\sqrt{3})}{49} = \frac{(11 + i4\sqrt{3})(11 - i4\sqrt{3})}{169}$$

Wprowadzając powyższe reprezentacje w (3,73) i (3,75), można uzyskać różne wzory rozwiązań (3,69).

Wzór: 3

Napisz (3,71) jako

$$3\left(u^2 - T^4\right) = 36T^4 - v^2 \qquad (3.78)$$

Faktoryzacja (3,78) mamy

$$3\left(u + T^2\right)\left(u - T^2\right) = \left(6T^2 + v\right)\left(6T^2 - v\right) \qquad (3.79)$$

Równanie to zapisane jest w formie stosunku jako

$$\frac{3\left(u - T^2\right)}{6T^2 - v} = \frac{\left(6T^2 + v\right)}{u + T^2} = \frac{a}{b}, \quad b \neq 0 \qquad (3.80)$$

co jest równoważne z układem równań podwójnych

$$3bu + av - (6a + 3b)T^2 = 0 \qquad (3.81)$$

$$-au + bv + (-a + 6b)T^2 = 0 \qquad (3.82)$$

Stosując metodę krzyżowego mnożenia, otrzymujemy

$$u = -a^2 + 3b^2 + 12ab \qquad (3.83)$$

$$v = 6a^2 - 18b^2 + 6ab \qquad (3.84)$$

$$T^2 = a^2 + 3b^2 \qquad (3.85)$$

Teraz rozwiązaniem dla (3,85) jest

$$a = 3p^2 - q^2, \quad b = 2pq, \quad T = 3p^2 + q^2 \qquad (3.86)$$

Wykorzystując (3,86) w (3,83) i (3,84), otrzymujemy

$$u = u(p,q) = -9p^4 + 72p^3q + 18p^2q^2 - 24pq^3 - q^4$$

$$v = v(p,q) = 54p^4 + 36p^3q - 108p^2q^2 - 12pq^3 + 6q^4$$

W widoku (3.70), wartości całkowite x, y, z, w, T podane są przez

$$x = x(p,q) = u + v = 45p^4 + 108p^3q - 90p^2q^2 - 36pq^3 + 5q^4$$

$$y = y(p,q) = u - v = -63p^4 + 36p^3q + 126p^2q^2 - 12pq^3 - 7q^4$$

$$z = z(p,q) = 2u + v = 36p^4 + 180p^3q - 72p^2q^2 - 60pq^3 + 4q^4$$

$$w = w(p,q) = 2u - v = -72p^4 + 108p^3q + 144p^2q^2 - 36pq^3 - 8q^4$$

$$T = T(p,q) = 3p^2 + q^2$$

które reprezentują niezerowe odrębne rozwiązania całkowite (3.69) w dwóch parametrach.

Właściwości:

- $2z(1,q) + w(1,q) + 156(CP_{6,q}) \equiv 0(\mathrm{mod}\,3)$
- $T(2^n,1) - 3ky_n + 6j_n = \begin{cases} -2, & \text{if n is odd} \\ 10, & \text{if n is even} \end{cases}$
- $468(CP_{6,p}) - 2x(p,1) - 2y(p,1) - z(p,1) \equiv 0(\mathrm{mod}\,2)$

III.6: W RÓWNANIU SEKSTYCZNYM Z PIĘCIOMA NIEWIADOMYMI

$2(x^3+y^3)(x-y)=84(z^2-w^2)P^4$

Niejednorodne równanie sekstyczne z pięcioma niewiadomymi, które należy rozwiązać dla jego odrębnych, niezerowych rozwiązań jest

$$2(x^3+y^3)(x-y)=84(z^2-w^2)P^4 \qquad (3.87)$$

Wprowadzenie przekształceń liniowych

$$x=u+v,\ y=u-v,\ z=2u+v,\ w=2u-v,\ u\neq v\neq 0$$

(3.88)

w (3,87) prowadzi do

$$u^2+3v^2=84P^4 \qquad (3.89)$$

Poniżej zilustrowano różne metody uzyskiwania wzorców rozwiązań całkowitych do (3,87):

PATTERN: 1

Niech $P=a^2+3b^2$ (3.90)

gdzie a i b to niezerowe liczby całkowite.

Napisz 84 jako

$$84=\left(9+i\sqrt{3}\right)\left(9-i\sqrt{3}\right) \qquad (3.91)$$

Stosując (3.90), (3.91) w (3.89) i stosując metodę faktoryzacji, określić

$$\left(u+i\sqrt{3}v\right)=\left(9+i\sqrt{3}\right)\left(a+i\sqrt{3}b\right)^4 \qquad (3.92)$$

Z których, mamy

$$\left.\begin{array}{l} u=9a^4+81b^4-162a^2b^2-12a^3b+36ab^3 \\ v=a^4+9b^4-18a^2b^2+36a^3b-108ab^3 \end{array}\right\} \quad (3.93)$$

Stosując (3,93) w (3,88), wartości x, y, z i w podane są przez

$$\left.\begin{array}{l} x(a,b)=10a^4+90b^4-180a^2b^2+24a^3b-72ab^3 \\ y(a,b)=8a^4+72b^4-144a^2b^2-48a^3b+144ab^3 \\ z(a,b)=19a^4+171b^4-342a^2b^2+12a^3b-36ab^3 \\ w(a,b)=17a^4+153b^4-306a^2b^2-60a^3b+180ab^3 \end{array}\right\} \quad (3.94)$$

Tak więc (3,90) i (3,94) reprezentują niezerowe rozwiązania całkowite do (3,87).

WŁAŚCIWOŚCI

❖ $x(1,b)+y(1,b)-18P^2(1,b)$
$+24\left[t_{8,b}+t_{10,b}+t_{12,b}+t_{16,b}+t_{18,b}-18P_b^{\ 3}\right]=-696b$

❖ $y(a,1)+z(a,1)-w(a,1)-10P(a^2,1)$
$+12\left[t_{8,a}+t_{12,a}+t_{14,a}+t_{16,a}-12P_a^3\right]\equiv 0(\mathrm{mod}\,6)$

❖ $z(a,1)-w(a,1)-x(a,1)+8\left[P(a^2,1)-36P_a^3\right]$
$\equiv 0(\mathrm{mod}\,48)$

❖ $z(1,b)-w(1,b)+6\left[216P_b^3-P(1,b^2)\right]$
$-36\left[t_{10,b}+t_{12,b}+t_{18,b}\right]\equiv 0(\mathrm{mod}\,4)$

❖ $w(a,1)+y(a,1)-x(a,1)-15P(a^2,1)$
$+6\left[132P_a^3-t_{14,a}-t_{16,a}-t_{18,a}\right]\equiv 0(\mathrm{mod}\,3)$

PATTERN: 2

Rozważyć (3,92) jako

$$u^2-81P^4=3\left(P^4-v^2\right) \qquad (3.95)$$

Napisz (3,95) w formie współczynnika jako

$$\frac{u+9P^2}{P^2+v}=\frac{3\left(P^2-v\right)}{u-9P^2}=\frac{\alpha}{\beta},\quad (\beta\neq 0)$$

co jest równoznaczne z następującymi dwoma równaniami

$$\beta u-\alpha v+(9\beta-\alpha)P^2=0$$
$$3\beta v+\alpha u-(9\alpha+3\beta)P^2=0$$

Stosując metodę krzyżowego mnożenia, otrzymujemy

$$\left.\begin{aligned}u&=9\alpha^2+6\alpha\beta-27\beta^2\\ v&=3\beta^2-\alpha^2+18\alpha\beta\end{aligned}\right\}\quad(3.96)$$

$$P^2=3\beta^2+\alpha^2\quad(3.97)$$

który jest usatysfakcjonowany przez

$$\alpha=3r^2-s^2$$
$$\beta=2rs$$

Zastępując wartości α i β w (3,96) i (3,97)

otrzymujemy

$$u=81r^4+9s^4-162r^2s^2+36r^3s-12rs^3$$
$$v=-9r^4-s^4+18r^2s^2+108r^3s-36rs^3$$

Zastępując wartości u i v w (3,88), niezerowe odrębne wartości całkowe x i y są podane przez

$$\left.\begin{aligned}x(r,s)&=72r^4+8s^4-144r^2s^2+144r^3s-48rs^3\\ y(r,s)&=90r^4+10s^4-180r^2s^2-72r^3s+24rs^3\\ z(r,s)&=153r^4+17s^4-306r^2s^2+180r^3s-60rs^3\\ w(r,s)&=171r^4+19s^4-342r^2s^2-36r^3s+12rs^3\\ P(r,s)&=3r^2+s^2\end{aligned}\right\}\quad(3.98)$$

Tak więc (3,98) reprezentują niezerowe rozwiązania całkowite do (3,87).

WŁAŚCIWOŚCI

- $w(1,s)-x(1,s)-y(1,s)-P(1,s^2)$
  $+36\left[t_{3,s}-6P_s^3+6t_{3,s-1}\right]\equiv 0(\bmod 6)$
- $x(r,1)+y(r,1)-z(r,1)-3P(r^2,1)$
  $+18\left[36P_r^3-(t_{10,r}+t_{14,r}+t_{16,r})\right]\equiv 0(\bmod 2)$
- $z(1,s)-y(1,s)-7P(1,s^2)$
  $+6\left[84P_s^3-(t_{14,s}+t_{16,s}+t_{18,s})\right]\equiv 18(\bmod 42)$
- $6\left[t_{12,r}+t_{14,r}+t_{16,r}+t_{18,r}+t_{20,r}+20t_{3,r}-36P_r^3\right]$
  $+z(r,1)-x(r,1)-27P(r^2,1)\equiv 12(\bmod 18)$
- $w(1,s)-z(1,s)-2P(1,s^2)$
  $+36\left[t_{16,s}-12P_s^3\right]\equiv 0(\bmod 12)$

PATTERN: 3

Napisz (3,95) w formie współczynnika jako

$$\frac{u+9P^2}{3(P^2+v)}=\frac{(P^2-v)}{u-9P^2}=\frac{\alpha}{\beta},(\beta\neq 0)$$

co jest równoznaczne z następującymi dwoma równaniami

$$\beta u - 3\alpha v + (9\beta - 3\alpha)P^2 = 0$$
$$\beta v + \alpha u - (9\alpha + \beta)P^2 = 0$$

Stosując metodę krzyżowego mnożenia, otrzymujemy

$$\left.\begin{aligned} u &= 27\alpha^2 + 6\alpha\beta - 9\beta^2 \\ v &= -3\alpha^2 + \beta^2 + 18\alpha\beta \end{aligned}\right\} \qquad (3.99)$$

$$P^2 = 3\alpha^2 + \beta^2 \qquad (3.100)$$

który jest usatysfakcjonowany przez

$$\alpha = 2rs$$
$$\beta = 3r^2 - s^2$$

Zastępując wartości α i β w (3,99) i (3,100) otrzymujemy

$$u = -81r^4 - 9s^4 + 162r^2s^2 + 36r^3s - 12rs^3$$
$$v = 9r^4 + s^4 - 18r^2s^2 + 108r^3s - 36rs^3$$

Zastępując wartości u i v w (3,88), niezerowe odrębne wartości całkowe x i y są podane przez

$$\left.\begin{aligned} x(r,s) &= -72r^4 - 8s^4 + 144r^2s^2 + 144r^3s - 48rs^3 \\ y(r,s) &= -90r^4 - 10s^4 + 180r^2s^2 - 72r^3s + 24rs^3 \\ z(r,s) &= -153r^4 - 17s^4 + 306r^2s^2 + 180r^3s - 60rs^3 \\ w(r,s) &= -171r^4 - 19s^4 + 342r^2s^2 - 36r^3s + 12rs^3 \\ P(r,s) &= 3r^2 + s^2 \end{aligned}\right\} (3.101)$$

Tak więc (3.101) reprezentują niezerowe rozwiązania całkowite do (3.87).

WŁAŚCIWOŚCI

- $y(1,s)+10P^2(1,s)=24\left[6P_s^3+t_{8,s}+t_{10,s}\right]$
- $x(r,1)+8\left[P^2(r,1)-108P_r^3+6t_{12,r}\right]=-528r$
- $7\left[P(1,s^2)+72p_s^3-6(t_{10,s}+t_{12,s})\right]$ $+z(1,s)-y(1,s)\equiv 0(\mathrm{mod}\,42)$
- $x(r,1)-z(r,1)-27P(r^2,1)$ $+6\left[36P_r^3+t_{10,r}+t_{12,r}\right]\equiv -6(\mathrm{mod}\,18)$
- $x(1,s)+y(1,s)-w(1,s)-P^2(1,s)$ $+12\left[18P_s^3-t_{8,s}-t_{10,s}\right]=240s$

PATTERN: 4

Napisz (3,95) w formie współczynnika jako

$$\frac{\mathrm{u}+9\mathrm{P}^2}{3(\mathrm{P}^2-\mathrm{v})}=\frac{(\mathrm{P}^2+\mathrm{v})}{\mathrm{u}-9\mathrm{P}^2}=\frac{\alpha}{\beta},(\beta\neq 0)$$

co jest równoznaczne z następującymi dwoma równaniami

$$\beta u+3\alpha v+(9\beta-3\alpha)P^2=0$$
$$-\beta v+\alpha u-(9\alpha+\beta)P^2=0$$

Stosując metodę krzyżowego mnożenia, otrzymujemy

$$\left.\begin{aligned} u &= 27\alpha^2 + 6\alpha\beta - 9\beta^2 \\ v &= 3\alpha^2 - \beta^2 - 18\alpha\beta \end{aligned}\right\} \quad (3.102)$$

$$P^2 = 3\alpha^2 + \beta^2 \quad (3.103)$$

który jest usatysfakcjonowany przez

$$\alpha = 2rs$$
$$\beta = 3r^2 - s^2$$

Zastępując wartości α i β w (3.102) i (3.103) otrzymujemy

$$u = -81r^4 - 9s^4 + 162r^2s^2 + 36r^3s - 12rs^3$$
$$v = -9r^4 - s^4 + 18r^2s^2 - 108r^3s + 36rs^3$$

Zastępując wartości u i v w (3,88), niezerowe odrębne wartości całkowe x i y są podane przez

$$\left.\begin{aligned} x(r,s) &= -90r^4 - 10s^4 + 180r^2s^2 - 72r^3s + 24rs^3 \\ y(r,s) &= -72r^4 - 8s^4 + 144r^2s^2 + 144r^3s - 48rs^3 \\ z(r,s) &= -171r^4 - 19s^4 + 342r^2s^2 - 36r^3s + 12rs^3 \\ w(r,s) &= -153r^4 - 17s^4 + 306r^2s^2 + 180r^3s - 60rs^3 \\ P(r,s) &= 3r^2 + s^2 \end{aligned}\right\} \quad (3.104)$$

Tak więc (3.104) reprezentują niezerowe rozwiązania całkowite do (3.87).

WŁAŚCIWOŚCI

- $z(1,s)-x(1,s)-y(1,s)+P(1,s^2)$
  $-18\left[12P_s^3-6t_{3,s}-t_{6,s}\right]\equiv 0(\bmod 6)$

- $z(r,1)-6\begin{bmatrix} P(r^2,1) \\ -36\left[-6P_r^3+\left(t_{8,r}+t_{10,r}+t_{12,r}+t_{16,r}\right)\right]\end{bmatrix}$
  $-w(r,1)\equiv 0(\bmod 4)$

- $y(1,s)+8P(1,s)+4\left(72P_s^3-49t_{3,s}-12t_{10,s}\right)$
  $\equiv 0(\bmod 48)$

- $y(r,1)+w(r,1)-x(r,1)+45P(r^2,1)$
  $+6\left[300t_{3,r}-396P_r^3+t_{8,r}\right]\equiv -6(\bmod 30)$

- $z(1,s)+16\begin{bmatrix}108P_s^3-P(1,s^2) \\ -6\left(t_{8,s}+t_{6,s}+2t_{3,s-1}\right)\end{bmatrix}-w(1,s)$
  $-x(1,s)-y(1,s)\equiv 0(\bmod 96)$

PATTERN: 5

Napisz (3,95) w formie współczynnika jako

$$\frac{u+9P^2}{\left(P^2-v\right)}=\frac{3\left(P^2+v\right)}{u-9P^2}=\frac{\alpha}{\beta},\quad (\beta\neq 0)$$

co jest równoznaczne z następującymi dwoma równaniami

$$\beta u + \alpha v + (9\beta - \alpha)P^2 = 0$$
$$-3\beta v + \alpha u - (9\alpha + 3\beta)P^2 = 0$$

Stosując metodę krzyżowego mnożenia, otrzymujemy

$$\left.\begin{aligned} u &= 9\alpha^2 + 6\alpha\beta - 27\beta^2 \\ v &= \alpha^2 - 3\beta^2 - 18\alpha\beta \end{aligned}\right\} \quad (3.105)$$

$$P^2 = 3\beta^2 + \alpha^2 \quad (3.106)$$

który jest usatysfakcjonowany przez

$$\alpha = 3r^2 - s^2$$
$$\beta = 2rs$$

Zastępując wartości α i β w (3.105) i (3.106) otrzymujemy

$$u = 81r^4 + 9s^4 - 162r^2s^2 + 36r^3s - 12rs^3$$
$$v = 9r^4 + s^4 - 18r^2s^2 - 108r^3s + 36rs^3$$

Zastępując wartości u i v w (3,88), niezerowe odrębne wartości całkowe x i y są podane przez

$$\left.\begin{aligned}x(r,s)&=90r^4+10s^4-180r^2s^2-72r^3s+24rs^3\\y(r,s)&=72r^4+8s^4-144r^2s^2+144r^3s-48rs^3\\z(r,s)&=171r^4+19s^4-342r^2s^2-36r^3s+12rs^3\\w(r,s)&=153r^4+17s^4-306r^2s^2+180r^3s-60rs^3\\P(r,s)&=3r^2+s^2\end{aligned}\right\}\quad(3.107)$$

Tak więc (3.107) reprezentują niezerowe rozwiązania całkowite do (3.87).

WŁAŚCIWOŚCI

- $$\begin{aligned}&x(r,1)+y(r,1)-w(r,1)-3P(r^2,1)\\&+18\left[36P_r^3-t_{10,r}-t_{14,r}-t_{16,r}\right]\equiv 0(\bmod 2)\end{aligned}$$

- $y(1,s)+8\left[36P_s^3-P(1,s^2)\right]\equiv 0(\bmod 48)$

- $$\begin{aligned}&z(1,s)-x(1,s)-y(1,s)-P(1,s^2)\\&+18\left[t_{8,s}+t_{10,s}-12P_s^3\right]\equiv 0(\bmod 6)\end{aligned}$$

- $x(r,1)+6\left[72P_r^3-5P(r^2,1)-4t_{3,r}-2t_{6,r}\right]\equiv 0(\bmod 4)$

- $$\begin{aligned}&12\left[\begin{aligned}&12t_{3,r}-9P(r^2,1)-72P_r^3\\&+2(t_{8,r}+t_{10,r}+t_{12,r}+t_{14,r}+t_{16,r}+t_{18,r}+t_{20,r})\end{aligned}\right]\\&+z(r,1)+w(r,1)\equiv 48(\bmod 72)\end{aligned}$$

III.7: W RÓWNANIU SEKSTYCZNYM DLA DIOFANTYNY Z PIĘCIOMA NIEWIADOMYMI $2(x+y)(x^3-y^3)=61(z^2-w^2)p^4$

Równanie diofantyny, które ma być rozwiązane dla jego niezerowych, odrębnych roztworów całkowitych, otrzymuje się przez

$$2(x+y)(x^3-y^3)=61(z^2-w^2)p^4 \qquad (3.108)$$

Wprowadzanie przekształceń

$$x=u+v, y=u-v, z=u+2v, w=u-2v, u\neq v\neq 0$$

(3.109)

w (3.108), prowadzi do

$$v^2+3u^2=61p^4 \qquad (3.110)$$

(3.110) można rozwiązywać różnymi metodami i otrzymujemy różne zestawy rozwiązań całkowitych do (3.108).

Zestaw 1:

Załóżmy ($p=a^2+3b^2$ 3.111)

gdzie a i b są niezerowymi odrębnymi liczbami całkowitymi.

Napisz 61 jako

$$61 = \left(7 + i2\sqrt{3}\right)\left(7 - i2\sqrt{3}\right) \qquad (3.112)$$

Zastępując (3.111) & (3.112) w (3.110) i stosując metodę faktoryzacji, określić

$$v + i\sqrt{3}u = \left(7 + i2\sqrt{3}\right)\left(a + i\sqrt{3}b\right)^4$$

Porównując prawdziwe i wyimaginowane części, mamy

$$\begin{aligned} u &= 2a^4 + 18b^4 - 36a^2b^2 + 28a^3b - 84ab^3 \\ v &= 7a^4 + 63b^4 - 126a^2b^2 - 24a^3b + 72ab^3 \end{aligned} \qquad (3.113)$$

Od (3.109), rozwiązania całkowite (3.108) to

$$\begin{aligned} x(a,b) &= 9a^4 + 81b^4 - 162a^2b^2 + 4a^3b - 12ab^3 \\ y(a,b) &= -5a^4 - 45b^4 + 90a^2b^2 + 52a^3b - 156ab^3 \\ z(a,b) &= 16a^4 + 144b^4 - 288a^2b^2 - 20a^3b + 60ab^3 \\ w(a,b) &= -12a^4 - 108b^4 + 216a^2b^2 + 76a^3b - 228ab^3 \\ p(a,b) &= a^2 + 3b^2 \end{aligned}$$

Właściwości:

- $y(a,1)-13x(a,1)+122\left[t_{4,a^2}-18t_{4,a}+(J_3)^2\right]=0.$

- $x(a,1)+y(a,1)-4t_{4,a^2}-112P_a^5+128t_{4,a}\equiv 36(\mathrm{mod}\ 168).$

- $6\{y(a,a)-x(a,a)-p(a,a)+4t_{4,a}\}$ to paskudna liczba.

- $z(1,b)+w(1,b)-36t_{4,b^2}+168CP_{6,b}+72\mathrm{Pr}_b\equiv 4(\mathrm{mod}\ 128).$

- $\{y(3,1)-x(3,1)\}$ jest sumą dwóch kwadratów.

- Każde z poniższych wyrażeń reprezentuje dwukwadratową liczbę całkowitą:
  - $8\{w(a,a)-z(a,a)\}$
  - $\{y(a,a)-x(a,a)\}$

Zestaw 2:

Można pisać (3), ponieważ

$$v^2+3u^2=61p^4*1 \qquad (3.114)$$

Napisz 1 jako

$$1 = \frac{(1+i\sqrt{3})(1-i\sqrt{3})}{4} \qquad (3.115)$$

Wykorzystując (3.111), (3.112) i (3.115) w (3.114) oraz stosując metodę faktoryzacji i wyrównywania części rzeczywistych, otrzymujemy

$$(v+i\sqrt{3}u) = \frac{1}{2}\left[(1+i\sqrt{3})(a+i\sqrt{3}b)^4(7+i2\sqrt{3})\right] \quad (3.116)$$

Porównując rzeczywiste i wyimaginowane części (3.116), mamy

$$u = \frac{1}{2}(9a^4 + 81b^4 - 162a^2b^2 + 4a^3b - 12ab^3)$$
$$v = \frac{1}{2}(a^4 + 9b^4 - 18a^2b^2 - 108a^3b + 324ab^3)$$

Ponieważ naszym celem jest znalezienie rozwiązania integer, wybierając a=2A , b=2B w powyższych równaniach otrzymujemy

$$\begin{aligned} u &= 72A^4 + 648B^4 - 1296A^2B^2 + 32A^3B - 96AB^3 \\ v &= 8A^4 + 72B^4 - 144A^2B^2 - 864A^3B + 2592AB^3 \end{aligned} \qquad (3.117)$$

$$p = 4A^2 + 12B^2 \qquad (3.118)$$

W świetle (3.109), rozwiązania całkowite (3.108) podane są przez

$$x(A,B)=80A^4+720B^4-1440A^2B^2-832A^3B+2496AB^3$$
$$y(A,B)=64A^4+576B^4-1152A^2B^2+896A^3B-2688AB^3$$
$$z(A,B)=88A^4+792B^4-1584A^2B^2-1696A^3B+5088AB^3$$
$$w(A,B)=56A^4+504B^4-1008A^2B^2+1760A^3B-5280AB^3$$
$$p(A,B)=4A^2+12B^2$$

Właściwości:

- $x(A,1)+y(A,1)-64CP_{6,A}+5184t_{3,A}$ $-a\ perfect\ square\equiv 1296(\mathrm{mod}\,2592).$

- $y(A,1)-64\begin{bmatrix}12F^{r}_{4,4}+10CP_{6,A}\\-23t_{4,A}-44A\end{bmatrix}$ jest idealnym kwadratem.

- $z(A,1)-w(A,1)-32t_{4,A^2}+3456CP_{6,A}$ $+a\ perfect\ square\equiv 288(\mathrm{mod}\ 10368).$

- $x(A,1)+y(A,1)-t_{4,12A^2-36}-64CP_{6,A}$ $+1728t_{4,A}\equiv 0(\mathrm{mod}\ 5184).$

- $\{x(1,1)-y(1,1)\}$ jest sumą dwóch kwadratów.

Uwaga:

Równanie (8), może być również zapisane jako

$$1=\frac{(1+i4\sqrt{3})(1-i4\sqrt{3})}{49} \qquad (3.119)$$

Postępując jak wyżej, poniżej zilustrowano różne zestawy rozwiązań liczb całkowitych (3.108):

$$\begin{aligned}
x(A,B) &= 4459A^4 + 40131B^4 - 80262A^2B^2 \\
&\quad - 146804A^3B + 440412AB^3 \\
y(A,B) &= 16121A^4 + 145089B^4 - 290178A^2B^2 \\
&\quad + 100156A^3B - 300468AB^3 \\
z(A,B) &= -1372A^4 - 12348B^4 + 24696A^2B^2 \\
&\quad - 270284A^3B + 810852AB^3 \\
w(A,B) &= 21952A^4 + 197568B^4 - 395136A^2B^2 \\
&\quad + 223636A^3B - 670908AB^3 \\
p(A,B) &= 49A^2 + 147B^2
\end{aligned}$$

Uwaga:

Zamiast (3.109), można również wprowadzić inny zestaw przekształceń jako

$$x = u + v, y = u - v, z = 2uv + 1, w = 2uv - 1 \ (u \neq v \neq 0),$$

(3.120)

Dla tego wyboru, odpowiednie zestawy różnych rozwiązań liczb całkowitych do (3.108) są przedstawione poniżej:

Zestaw 3:

Poprzez zastąpienie równania (3.111) i (3.113) w (3.120) otrzymujemy rozwiązania zintegrowane do (3.108) podane przez

$$
\begin{aligned}
x(a,b) &= 9a^4 + 81b^4 - 162a^2b^2 + 4a^3b - 12ab^3 \\
y(a,b) &= -5a^4 - 45b^4 + 90a^2b^2 + 52a^3b - 156ab^3 \\
z(a,b) &= 28[a^8 + 81b^8 - 84a^6b^2 - 756a^2b^6 + 630a^4b^4] \\
&\quad + 296[a^7b - 27ab^7 - 21a^5b^3 + 63a^3b^5] + 1 \\
w(a,b) &= 28[a^8 + 81b^8 - 84a^6b^2 - 756a^2b^6 + 630a^4b^4] \\
&\quad + 296[a^7b - 27ab^7 - 21a^5b^3 + 63a^3b^5] - 1 \\
p(a,b) &= a^2 + 3b^2
\end{aligned}
$$

Zestaw 4:

A także zastępując równanie (3.117) i (3.118) w (3.120) otrzymujemy rozwiązania zintegrowane do (3.108) podane przez

$$
\begin{aligned}
x(A,B) &= 80[A^4 + 9B^4 - 18A^2B^2] - 832[A^3B - 3AB^3] \\
y(A,B) &= 64[A^4 + 9B^4 - 18A^2B^2] + 896[A^3B - 3AB^3] \\
z(A,B) &= 1152[A^8 + 81B^8 - 84A^6B^2 + 756A^2B^6 + 630A^4B^4] \\
&\quad - 123904[A^7B - 27AB^7 - 21A^5B^3 + 63A^3B^5] + 1 \\
w(A,B) &= 1152[A^8 + 81B^8 - 84A^6B^2 + 756A^2B^6 + 630A^4B^4] \\
&\quad - 123904[A^7B - 27AB^7 - 21A^5B^3 + 63A^3B^5] - 1 \\
p(A,B) &= 4A^2 + 12B^2
\end{aligned}
$$

III.8: W RÓWNANIU SEKSTYCZNYM DLA DIOFANTYNY Z PIĘCIOMA NIEWIADOMYMI

$$x^4 - y^4 = 61(z^2 - w^2)p^4$$

Równanie diofantyny, które ma być rozwiązane dla jego niezerowych, odrębnych roztworów całkowitych, otrzymuje się przez

$$x^4 - y^4 = 61(z^2 - w^2)p^4 \qquad (3.121)$$

Wprowadzanie przekształceń

$x = u + v, y = u - v, z = 2uv + 1, w = 2uv - 1\ (u \neq v \neq 0)$,

(3.122)

w (3.121), prowadzi do

$$u^2 + v^2 = 61p^4 \qquad (3.123)$$

(3.123) można rozwiązać różnymi metodami i otrzymujemy różne zestawy rozwiązań całkowitych do (3.121).

Zestaw 1:

Załóżmy ($p = a^2 + b^2$ 3.124)

gdzie a i b są niezerowymi odrębnymi liczbami całkowitymi.

Napisz 61 jako

$$61=(6+5i)(6-5i) \qquad (3.125)$$

Zastępując (3.124) & (3.125) w (3.123) i stosując metodę faktoryzacji, określić

$$u+iv=(6+5i)(a+ib)^4$$

Porównując prawdziwe i wyimaginowane części, mamy

$$\begin{aligned} u &= 6a^4+6b^4-36a^2b^2-20a^3b+20ab^3 \\ v &= 5a^4+5b^4-30a^2b^2+24a^3b-24ab^3 \end{aligned}$$

Od (3.122), roztwory całkowite (3.121) to

$$\begin{aligned} x(a,b) &= 11a^4+11b^4-66a^2b^2+4a^3b-4ab^3 \\ y(a,b) &= a^4+b^4-6a^2b^2-44a^3b+44ab^3 \\ z(a,b) &= 60[a^8+b^8-28a^6b^2-28a^2b^6+70a^4b^4] \\ &\quad +88[a^7b-ab^7-7a^5b^3+7a^3b^5]+1 \\ w(a,b) &= 60[a^8+b^8-28a^6b^2-28a^2b^6+70a^4b^4] \\ &\quad +88[a^7b-ab^7-7a^5b^3+7a^3b^5]-1 \\ p(a,b) &= a^2+b^2 \end{aligned}$$

Właściwości:

- $x(a,1)-11y(a,1)=488*6P_{a-1}^{3}$
- $x(1,b)-p(1,b)-11t_{4,b^2}+4CP_{6,b}+t_{136,b}\equiv 10(\bmod 62)$
- $x(a,1)-y(a,1)-10t_{4,a^2}-96P_a^5+108\mathrm{Pr}_a\equiv 10(\bmod 60)$
- $x(a,1)-11y(a,1)=488*\{2P_a^5-\mathrm{Pr}_a\}$
- $x(a,1)-11y(a,1)=488*6\{P_a^3-t_{3,a}\}$
- Każde z poniższych wyrażeń reprezentuje liczbę całkowitą sześcienną:
  - ✓ $x(2,1)-11y(2,1)-(j_7+J_7+2j_3)$
  - ✓ $4\{z(a,a)-w(a,a)\}$
- Każde z poniższych wyrażeń reprezentuje nieprzyjemną liczbę:
  - ✓ $x(a,a)-y(a,a)+64t_{4,a^2}$
  - ✓ $3\{p^2(1,b)-y(1,b)+88[3P_{b-1}^3+t_{3,b-1}]\}$

Zestaw 2:

Zamiast (3.125), należy wpisać 61 jako

$$61=(5+6i)(5-6i) \qquad (3.126)$$

Zgodnie z procedurą opisaną w zestawie 1, odpowiednie niezerowe odrębne roztwory całkowite do (3.121) otrzymuje się w następujący sposób

$$\begin{aligned}
x(a,b)&=11a^4+11b^4-66a^2b^2-4a^3b+4ab^3\\
y(a,b)&=-a^4-b^4+6a^2b^2-44a^3b+44ab^3\\
z(a,b)&=60[a^8+b^8-28a^6b^2-28a^2b^6+70a^4b^4]\\
&\quad+88[-a^7b+ab^7+7a^5b^3-7a^3b^5]+1\\
w(a,b)&=60[a^8+b^8-28a^6b^2-28a^2b^6+70a^4b^4]\\
&\quad+88[-a^7b+ab^7+7a^5b^3-7a^3b^5]-1\\
p(a,b)&=a^2+b^2
\end{aligned}$$

Właściwości:

- $x(6n,(n-1)^2)+11y(6n,(n-1)^2)+488CP_{6,6n}t_{4,n-1}=122(S_n-1)$ * a perfect square
- $x(a,1)+11y(a,1)+488P^3_{a-1}=0$
- $11x(a,2a^2+1)-y(a,2a^2+1)-122p^2(a,2a^2+1)+8784(OH_a)^2=0$
- $x(a,1)+11y(a,1)=488*\{\Pr_a-2P^5_a\}$

Zestaw 3:

Można pisać (3.123), ponieważ

$$u^2+v^2=61p^4*1 \qquad (3.127)$$

Napisz 1 jako

$$1=\frac{(4+3i)(4-3i)}{25} \qquad (3.128)$$

Wykorzystując (3.124), (3.125) i (3.128) w (3.127) oraz stosując metodę faktoryzacji i wyrównywania części rzeczywistych, otrzymujemy

$$(u+iv)=(6+5i)(a+ib)^4\frac{(4+3i)}{5} \qquad (3.129)$$

Porównując rzeczywiste i wyimaginowane części (3.129), mamy

$$u=\frac{1}{5}(9a^4+9b^4-54a^2b^2-152a^3b+152ab^3)$$
$$v=\frac{1}{5}(38a^4+38b^4-228a^2b^2+36a^3b-36ab^3)$$

Ponieważ naszym celem jest znalezienie rozwiązań integer, wybierając a=5A , b=5B w powyższych równaniach otrzymujemy

$$u = 1125[A^4 + B^4 - 6A^2B^2] - 19000[A^3B - AB^3]$$
$$v = 4750[A^4 + B^4 - 6A^2B^2] + 4500[A^3B - AB^3]$$

W świetle (3.122), rozwiązania całkowite (3.121) podane są przez

$$\begin{aligned}
x &= x(A,B) = 5875[A^4 + B^4 - 6A^2B^2] - 14500[A^3B - AB^3] \\
y &= y(A,B) = -3625[A^4 + B^4 - 6A^2B^2] - 23500[A^3B - AB^3] \\
z &= z(A,B) = 10687500[A^8 + B^8 + 70A^4B^4 - 28A^2B^6 - 28A^6B^2] \\
&\qquad - 170375000[A^7B - AB^7 + 7A^3B^5 - 7A^5B^3] + 1 \\
w &= w(A,B) = 10687500[A^8 + B^8 + 70A^4B^4 - 28A^2B^6 - 28A^6B^2] \\
&\qquad - 170375000[A^7B - AB^7 + 7A^3B^5 - 7A^5B^3] - 1 \\
p &= p(A,B) = 25[A^2 + B^2]
\end{aligned}$$

Zestaw 4:

Równanie (3.123) można również zapisać jako

$$u^2 - 25p^4 = 36p^4 - v^2 \qquad (3.130)$$

Biorąc pod uwagę faktoring (3.130), mamy

$$(u + 5p^2)(u - 5p^2) = (6p^2 + v)(6p^2 - v)$$

który jest napisany w formie stosunku jako

$$\frac{u + 5p^2}{v + 6p^2} = \frac{6p^2 - v}{u - 5p^2} = \frac{a}{b}, \quad b \neq 0$$

Jest to odpowiednik układu dwóch równań

$$bu - av + p^2(5b - 6a) = 0 \qquad (3.131)$$

$$au + bv - p^2(5a + 6b) = 0 \qquad (3.132)$$

Stosując metodę krzyżowego mnożenia w (3.131) i (3.132) otrzymujemy

$$\begin{aligned} u &= 5a^2 - 5b^2 + 12ab \\ v &= -6a^2 + 6b^2 + 10ab \end{aligned} \qquad (3.133)$$

$$p = a^2 + b^2 \qquad (3.134)$$

Należy zauważyć, że (3.134) jest dobrze znane równanie pitagorejskie, którego rozwiązaniami są

$$\begin{aligned} a &= 2rs \\ b &= r^2 - s^2 \\ p &= r^2 + s^2, r > s > 0 \end{aligned} \qquad (3.135)$$

Od (3.135), (3.134), (3.133) i (3.122), odpowiednie niezerowe odrębne rozwiązania całkowite (3.121) są następujące

$$x(r,s)=r^4+s^4-6r^2s^2+44r^3s-44rs^3$$
$$y(r,s)=-11r^4-11s^4+66r^2s^2-4r^3s+4rs^3$$
$$z(r,s)=-60[r^8+s^8-28r^6s^2-28r^2s^6+70r^4s^4]$$
$$-44[-2r^7s+2rs^7+14r^5s^3-14r^3s^5]+1$$
$$w(r,s)=-60[r^8+s^8-28r^6s^2-28r^2s^6+70r^4s^4]$$
$$-44[-2r^7s+2rs^7+14r^5s^3-14r^3s^5]-1$$
$$p(r,s)=r^2+s^2$$

Uwaga:

Warto w tym miejscu wspomnieć, że (3.134) jest również usatysfakcjonowany $a=r^2-s^2, b=2rs, p=r^2+s^2$. Dla tego wyboru uzyskuje się różne zestawy rozwiązań całkowitych do (3.121).

Właściwości:

- $2[11x(s,s)+y(s,s+p(s,s)]$ jest idealnym kwadratem.
- $11x[n,(n+1)^2]+y[n,(n+1)^2]+80\Pr_n*$ paskudny numer $=480CP_{6,n}t_{4,n+1}$
- $p^2(r,1)-x(r,1)-S_r-2\Pr_r+44CP_{6,r}+1\equiv 0(\bmod 48)$
- $x(2^{2r},1)+11y(2^{2r},1)+120Ky_{2r}+240+30*$ Idealny kwadrat $=0$

- $y(2s,2s)-11x(2s,2s)-112t_{4,s^2}$ jest bikwadratową liczbą całkowitą.
- Każde z następujących wyrażeń reprezentuje nieprzyjemną liczbę
  - ✓ $6[11x(3s,2s)+y(3s,2s)]$
  - ✓ $2[y(r,1)-x(r,1)+144F^{r}_{4,4}-12(S_r-1)-60t_{4,r}]$

Uwaga:

Zamiast (3.122), można również wprowadzić inny zestaw przekształceń jako

$$x=u+v, y=u-v, z=uv+2, w=uv-2 \ (u \neq v \neq 0) \quad (3.136)$$

Dla tego wyboru, odpowiednie zestawy różnych rozwiązań liczb całkowitych do (3.121) są przedstawione poniżej:

Zestaw 5:

$$
\begin{aligned}
x(a,b) &= 11a^4 + 11b^4 - 66a^2b^2 + 4a^3b - 4ab^3 \\
y(a,b) &= a^4 + b^4 - 6a^2b^2 - 44a^3b + 44ab^3 \\
z(a,b) &= 30[a^8 + b^8 - 28a^6b^2 - 28a^2b^6 + 70a^4b^4] \\
&\quad + 44[a^7b - ab^7 - 7a^5b^3 + 7a^3b^5] + 2 \\
w(a,b) &= 30[a^8 + b^8 - 28a^6b^2 - 28a^2b^6 + 70a^4b^4] \\
&\quad + 44[a^7b - ab^7 - 7a^5b^3 + 7a^3b^5] - 2 \\
p(a,b) &= a^2 + b^2
\end{aligned}
$$

Zestaw 6:

$$
\begin{aligned}
x(a,b) &= 11a^4 + 11b^4 - 66a^2b^2 - 4a^3b + 4ab^3 \\
y(a,b) &= -a^4 - b^4 + 6a^2b^2 - 44a^3b + 44ab^3 \\
z(a,b) &= 30[a^8 + b^8 - 28a^6b^2 - 28a^2b^6 + 70a^4b^4] \\
&\quad + 44[-a^7b + ab^7 + 7a^5b^3 - 7a^3b^5] + 2 \\
w(a,b) &= 30[a^8 + b^8 - 28a^6b^2 - 28a^2b^6 + 70a^4b^4] \\
&\quad + 44[-a^7b + ab^7 + 7a^5b^3 - 7a^3b^5] - 2 \\
p(a,b) &= a^2 + b^2
\end{aligned}
$$

Zestaw 7:

$$
\begin{aligned}
x = x(A,B) &= 5875[A^4 + B^4 - 6A^2B^2] - 14500[A^3B - AB^3] \\
y = y(A,B) &= -3625[A^4 + B^4 - 6A^2B^2] - 23500[A^3B - AB^3] \\
z = z(A,B) &= 5343750[A^8 + B^8 + 70A^4B^4 - 28A^2B^6 - 28A^6B^2] \\
&\quad - 85187500[A^7B - AB^7 + 7A^3B^5 - 7A^5B^3] + 2 \\
w = w(A,B) &= 5343750[A^8 + B^8 + 70A^4B^4 - 28A^2B^6 - 28A^6B^2] \\
&\quad - 85187500[A^7B - AB^7 + 7A^3B^5 - 7A^5B^3] - 2 \\
p = p(A,B) &= 25[A^2 + B^2]
\end{aligned}
$$

Zestaw 8:

A także zastępując równanie (3.133), (3.134) i (3.135) w (3.136) otrzymujemy rozwiązania zintegrowane do (3.121) podane przez

$$
\begin{aligned}
x(r,s) &= r^4 + s^4 - 6r^2s^2 + 44r^3s - 44rs^3 \\
y(r,s) &= -11r^4 - 11s^4 + 66r^2s^2 - 4r^3s + 4rs^3 \\
z(r,s) &= -30[r^8 + s^8 - 28r^6s^2 - 28r^2s^6 + 70r^4s^4] \\
&\quad - 22[-2r^7s + 2rs^7 + 14r^5s^3 - 14r^3s^5] + 2 \\
w(r,s) &= -30[r^8 + s^8 - 28r^6s^2 - 28r^2s^6 + 70r^4s^4] \\
&\quad - 22[-2r^7s + 2rs^7 + 14r^5s^3 - 14r^3s^5] - 2 \\
p(r,s) &= r^2 + s^2
\end{aligned}
$$

ROZDZIAŁ: 4

SEKSTYCZNE RÓWNANIE DIOPHANTYNY Z SZEŚCIOMA NIEWIADOMYMI:

IV.1: W niejednorodnym równaniu sekstycznym z sześcioma niewiadomymi.

$$x^6 - y^6 - 2z^3 = (k^2 + s^2)^{2n} T^4 (w^2 - p^2)$$

Rozważane równanie jest następujące

$$x^6 - y^6 - 2z^3 = (k^2 + s^2)^{2n} T^4 (w^2 - p^2) \quad (4.1)$$

Gdzie i k gdzie s podano niezerowe liczby całkowite. Różne wzory rozwiązań (4.1) zilustrowano poniżej.

Wzór 1

Wprowadzenie przekształceń

$x = u + v,\ \ y = u - v,\ \ z = 2uv,\ \ w = uv + 3,\ \ p = uv - 3$

(4.2)

w (4.1) prowadzi do

$$u^2 + v^2 = (k^2 + s^2)^n T^2 * 1 \quad (4.3)$$

Niech $\quad T = a^2 + b^2 \quad (4.4)$

Napisz (4.1) jako

$$1 = \frac{[(1+i)(1-i)]^{2n}}{2^{2n}} \quad (4.5)$$

Zastępując (4.4) i (4.5) w (4.3) i stosując metodę faktoryzacji, określić

$$u + iv = (k + is)^n (a + ib)^2 \frac{(1+i)^{2n}}{2^n} \qquad (4.6)$$

Ponieważ liczba złożona podniesiona do dowolnej dodatniej liczby całkowitej jest również liczbą złożoną, piszemy

$$(k + is)^n = \alpha + i\beta \qquad (4.7)$$

gdzie $\alpha = \frac{1}{2}\left[(k+is)^n + (k-is)^n\right]$

$$\beta = \frac{1}{2i}\left[(k+is)^n - (k-is)^n\right]$$

Używając (4.7) w (4.6) i wyrównując części rzeczywiste i wyimaginowane, mamy

$$\left.\begin{aligned} u &= \cos n\frac{\pi}{2}\left[\alpha(a^2-b^2)-2\beta ab\right]-\sin n\frac{\pi}{2}\left[\alpha(2ab)+\beta(a^2-b^2)\right] \\ v &= \sin n\frac{\pi}{2}\left[\alpha(a^2-b^2)-2\beta ab\right]+\cos n\frac{\pi}{2}\left[\alpha(2ab)+\beta(a^2-b^2)\right] \end{aligned}\right\}$$

(4.8)

Korzystając z (4.8) w (4.2) otrzymujemy

$$\left.\begin{aligned}
x(a,b) &= [\alpha(a^2-b^2)-2\beta ab]\left(\cos\frac{n\pi}{2}+\sin\frac{n\pi}{2}\right)\\
&\quad +(\alpha(2ab)+\beta(a^2-b^2))\left(\cos\frac{n\pi}{2}-\sin\frac{n\pi}{2}\right)\\
y(a,b) &= [\alpha(a^2-b^2)-2\beta ab]\left(\cos\frac{n\pi}{2}+\sin\frac{n\pi}{2}\right)\\
&\quad -(\alpha(2ab)+\beta(a^2-b^2))\left(\sin\frac{n\pi}{2}+\cos\frac{n\pi}{2}\right)\\
z(a,b) &= 2\left[\cos\frac{n\pi}{2}(\alpha(a^2-b^2)-2\beta ab)-\sin\frac{n\pi}{2}[\alpha(2ab)+\beta(a^2-b^2)]\right.\\
&\quad \left.\sin\frac{n\pi}{2}[\alpha(a^2-b^2)-2\beta ab]+\cos\frac{n\pi}{2}(\alpha(2ab)+\beta(a^2-b^2))\right]\\
w(a,b) &= \left\{\cos\frac{n\pi}{2}[\alpha(a^2-b^2)-2\beta ab]-\sin\frac{n\pi}{2}[\alpha(2ab)+\beta(a^2-b^2)]\right\}\\
&\quad \left\{\sin\frac{n\pi}{2}[\alpha(a^2-b^2)-2\beta ab]+\cos\frac{n\pi}{2}[\alpha(2ab)+\beta(a^2-b^2)]\right\}+3\\
p(a,b) &= \left\{\cos\frac{n\pi}{2}[\alpha(a^2-b^2)-2\beta ab]-\sin\frac{n\pi}{2}[\alpha(2ab)+\beta(a^2-b^2)]\right\}\\
&\quad \left\{\sin\frac{n\pi}{2}[\alpha(a^2-b^2)-2\beta ab]+\cos\frac{n\pi}{2}[\alpha(2ab)+\beta(a^2-b^2)]\right\}-3
\end{aligned}\right\}$$

(4.9)

Tak więc (4.4) i (4.9) reprezentują niezerowe rozwiązania całkowite dla (4.1)

Dla ilustracji i jasnego zrozumienia, zastępując $n=0$, w (4.9), odpowiednie niezerowe, odrębne, integralne rozwiązania dla (4.1) podane są przez

$$x(a,b)=\alpha(a^2-b^2+2ab)+\beta(a^2-b^2-2ab)$$

$$y(a,b)=\alpha(a^2-b^2-2ab)-\beta(a^2-b^2+2ab)$$

$$z(a,b)=2\left[\alpha(a^2-b^2)-\beta(2ab)\right]\left[\alpha(2ab)+\beta(a^2-b^2)\right]$$

$$w(a,b)=\left[\alpha(a^2-b^2)-2\beta ab\right]\left[\alpha(2ab)+\beta(a^2-b^2)\right]+3$$

$$p(a,b)=\left[\alpha(a^2-b^2)-2\beta ab\right]\left[\alpha(2ab)+\beta(a^2-b^2)\right]-3$$

$$T(a,b)=a^2+b^2$$

Właściwości

1. $x(s,s+1)+y(s,s+1)=-2\alpha[4t_{3,s}-2t_{4,s}+1]-4\beta Pr_s$
2. $x(2^s,1)=(\alpha+\beta)(3j_{2s})+2(\alpha-\beta)(j_s-(-1)^s)$

Uwaga

Przypuśćmy, że wybieramy i $k\ s$ tak, że $k^2+s^2=\sigma^2$ ... Następnie (4.3) staje się

$$u^2+v^2=(\sigma^n T)^2 \qquad (4.10)$$

która ma postać równania pitagorejskiego. Dla tego wyboru, seksowna satysfakcjonująca (4. (x,y,z,w,p,T) 1) jest dana przez

$$x=\sigma^{2n}[p^2-q^2+2pq]$$

$$y=\sigma^{2n}[-p^2+q^2+2pq]$$

$$z=4\sigma^{4n}[p^2-q^2]pq$$

$$w=2pq[p^2-q^2]+3$$

$$p=2pq[p^2-q^2]-3$$

$$T=\sigma^n(p^2+q^2)$$

Zauważono, że powyższe wartości różnią się od (4.4) i (4.9).

Wzór 2

Należy zwrócić uwagę, że (4.10) jest napisane w formie stosunku jako

$$\frac{\sigma^n T+v}{u}=\frac{u}{\sigma^n T-v}=\frac{A}{B},\quad B\neq 0 \qquad (4.11)$$

co jest równoważne z układem równań.

$$\left.\begin{aligned}(\sigma^n B)T+Bv-Au=0\\(\sigma^n A)T-Av-Bu=0\end{aligned}\right\} \qquad (4.12)$$

Stosując metodę krzyżowego namnażania do powyższego systemu otrzymujemy

$$\left.\begin{aligned}u&=-2\sigma^n AB\\v&=\sigma^n(B^2-A^2)\end{aligned}\right\} \qquad (4.13)$$

$$T=-(A^2+B^2) \qquad (4.14)$$

Stąd od (4.13) i (4.2) otrzymujemy

$$\left.\begin{aligned}x&=\sigma^n\left(B^2-A^2-2AB\right)\\y&=\sigma^n(B^2-A^2+2AB)\\z&=-4\sigma^{2n}(B^2-A^2)AB\\w&=-2\sigma^{2n}AB(B^2-A^2)+3\\p&=-2\sigma^{2n}AB(B^2-A^2)-3\end{aligned}\right\} \qquad (4.15)$$

Dlatego też (4.15) i (4.14) stanowią rozwiązania zintegrowane z (4.1).

Właściwości

1. $w^3 + p^3 + 3zpw = z^3$
2. $x^2 - y^2 = 2(w + p)$
3. $x^2 - y^2 - 4p \equiv 0 (\mathrm{mod}\, 12)$
4. $(x^2 - y^2)^2 = z^2(w - p - 2)$
5. $z^2 - 4w^2 + 24w \equiv 0\ (\mathrm{mod}\, 9)$

Niezwykłe obserwacje

1. Trójkąt (x, y, z) zadowoli hiperboliczny paraboloid $x^2 - y^2 = 2z$.
2. Jeśli i $\alpha > \beta$ $a^2 - b^2 > 2ab$ wtedy $u > v$.... Niech (α, β, γ) będzie trójkąt pitagorejski z u, v generatorami. Zestaw $\alpha = 2uv$, $\beta = u^2 - v^2$, $\gamma = u^2 + v^2$ i A,P reprezentują odpowiednio jego obszar i obwód. Należy zwrócić uwagę, że

   (i) $xyz = 2\mathrm{A}$

   (ii) $\frac{4A}{P} = (x - y)y$.

Uwaga

Warto tu wspomnieć, że wartości i w p w (4.2) można uznać za (i) $w=3uv+1$ $p=3u-v$ i (ii) $w=3uv+1$, $p=3uv-1$. Oprócz (4.5), oprócz (4.5), można również napisać 1 jako $1=\frac{(p^2-q^2+2ipq)(p^2-q^2-2ipq)}{(p^2+q^2)^2}$. Na podstawie przedstawionej powyżej analizy można uzyskać inne wzory niezerowych rozwiązań całkowitych do (4.1).

Printed by Books on Demand GmbH, Norderstedt / Germany